读懂岩石

HOW

Our Planet's
Hidden Stories

TO

岩石

READ

[英]扬·扎拉斯维奇 著 董汉文 严立龙 李广旭 译

A

ROCK

CS K 湖南科学技术出版社·长沙

目录

ROCKS AS STORYTELLERS
岩石——故事讲述者

ROCKS ON OTHER PLANETS
其他星球上的岩石

HUMAN-MADE ROCKS
人造石

引言
INTRODUCTION

我们地球的直径约 13000 千米，表面由一层薄薄的水（如海洋、湖泊和河流）以及更薄的土壤层和植被组成，往上为大气圈。不过，地球的主体是岩石，可以说水、空气、土壤以及生命的出现完全依赖于岩石。岩石是地球生命的基石。

　　当我还是个孩子的时候，虽然对这些一无所知，但我发现这些岩石极其迷人。它们似乎是通往世界的大门，其不可思议甚至超越了好莱坞编剧的狂热想象。我在河床上摸索，发现了许多神秘的矿物和数百万年前死去的动植物化石。我当时就被吸引住了，即便在后来从事了多年与岩石相关的工作后，我仍然被它们那无限的多样性和丰富性所吸引。

　　岩石向我们讲述着过去世界的故事。它们悄然记录着那些远古的陆地和海洋，默默留存着关于恐龙和巨型海洋爬行动物、三叶虫和珊瑚，甚至还有原始地球里那些无尽的微生物曾赖以生存的一切。

　　但这些故事可以延伸得更远。利用从岩石中获取的线索，我们可以勾勒出曾经流淌在早已干涸的河流和海洋中的水流速度和强度，可以重现高

速雪崩或陨石撞击所释放的能量，可以沿着岩浆流经的通道进行追踪，还能观察地下几千米处的岩层——数百万年来，地球深处的液体以极其缓慢的速度流动，携带矿物质充填于沙砾间，沉淀成微小的矿物花园。岩石中蕴藏着无穷的故事，只要你肯花一些时间，带着好奇心去破解岩石表面的线索，我相信你也可以发现它们、读懂它们。

现如今是认识岩石的黄金时代，我们可比生活在石器时代的祖先们幸运得多。那时的地表到处都是森林和草地，他们所使用的石头都是从黑暗的洞穴或危险的悬崖上凿出来的。现在，我们可以轻松穿越各种开阔的地貌景观，也更容易看清楚它们的岩石组成。当我们漫步在乡镇和城市中，更是被各种建筑物和人行道上的石板所包围。这些用于装饰的岩石，通常被切割成块，并且表面抛光，更便于我们观察其内部的复杂特征。可以说，即使是马路上一块小小的鹅卵石，也记录着地球故事的片段。这真是一个岩石富饶之地。

我们现在也在制造大量的人造石，如混凝土、砖、陶瓷和其他新型混

故事胶囊

沙滩上或河流里的每一块鹅卵石都是岩石样本，其中包含了它们形成方式的线索——其历史可以追溯到数百万年甚至数十亿年前。

合材料，它们的出现迅速改变着地球表面。我们对这些人造石太熟悉了，以至于有时候会忽略它们，但它们仍然是行星演化史上一个非凡的发展。我们的想象力还可以飞得更远，跟随正在探索太阳系的航天器所携带的相机和传感器，近距离观察到地球以外行星和卫星上的岩石，甚至能看到其他天体上的岩石。

在这本书中，我们将漫步在各种各样或近或远的岩石景观中，发掘那些有趣的故事：古代和现代的，巨大和微观的，隐藏和暴露的。只要掌握了一些基础知识，就可以从岩石中读懂这些故事。现在就让我们先了解一下岩石的最基本特征吧。

什么是岩石，岩石又能告诉我们什么？

简单来说，岩石是由一种或多种天然矿物组成的，而矿物则是一类特殊的固态化合物。这是一个非常宽泛的定义，它拓宽了本书主题的范围，超出了人们对"岩石"一词的常见理解。人们通常认为岩石非常坚硬，会用"坚如磐石"这样的成语来形容不可动摇的人和事物。但是我们都知道，沙滩上松散的沙粒与极其坚硬的古老砂岩是完全不能相提并论的，对于后者需要使用铁锤才能将其敲碎。当然了，古老的岩石不一定就更坚硬，你甚至可以用手指就能捏碎一些风化的砂岩，而现代海滩的沙子也可以快速自然地粘合成坚硬的海滩岩。你会发现，海滩岩常常能将废弃的饮料瓶和薯片袋等包裹起来，制造出一种全新的"科技化石"。因此，在解读岩石

生命之石

在这种古老的关系中，松树靠岩石支撑，并从中获取养分，同时将岩石分解成为沉积物，这些则是未来形成新岩石的原材料。

时，最好的故事既可以通过观察古老砂岩获得，又可以在现代海滩和河流中的沙子上找寻，并厘清它们之间的关系——这些都是同一个宏大故事的组成部分。

建立这些联系是我们理解过去的关键。我们试图利用"将今论古"的方法，将岩石中记录的信息与现代同类事物进行类比，以此来还原地质历史时期曾经发生的故事。比如海滩和河流里的沙子，还有火山喷发事件及其喷出的熔岩和火山灰等，这些可以帮助我们理解古老的火山岩。同样地，我们可以通过观察现代动植物及其形成的生态系统，来理解从岩石中发现的化石。事实上，我们熟知的地理学和生物学的很多内容都与对岩石的解读密切相关（同时也可以研究其化学和物理学）。由此可见，探究岩石（或者说试图读懂它们），是一项非常系统的工作。这就是为什么在本书中，我们既要重点关注现在在地球上仍能看到的过程，又要关注保存在岩层中的化石。二者同样重要，缺一不可。

当然，岩石的大部分形成环境是我们无法接近的。比如，岩浆房的内部、火山喷发口、地下 20 千米或更深处的山根，即便利用现代先进技术，我们也无法参观甚至接近这些地方。因此，我们可以把"将今论古"这句经典短语颠倒过来，即"以古论今"，保存下来的过去的遗迹是目前正在发生之事的指南，这句话适用于任何地方的现象，无论是我们步之所及之

火山内部

冰岛斯瑞努卡基古火山最后一次喷发后，岩浆从火山浅室流出。现在，人们可以进入这座火山的中心地带一探究竟。

处还是难以到达的危险地带。我们对现代岩浆房的了解，对在火山爆发期间或是在造山带深处究竟发生了什么，大部分都是基于现在地表的证据和岩石，对它们进行观察、采样和分析相对更容易、更安全。它们是地球上发生的大量未知地质事件的见证者，也是我们可以看到和询问的证人。

因此，这些岩石充当了我们人类理解地球上不为人知事物的桥梁，也是促成进一步探究和探索的催化剂。例如，地球上的大多数沉积岩都形成于海底，那里是我们人类无法轻易到达的环境。但为了探索古海洋地层的现近出露特征，科学家开始探索海底，他们在浅水中穿戴水肺和潜水服，在黑暗的深海中使用深潜探测器。为了模拟岩石形成的极端环境，科学家付出了更大的努力，他们利用特制的熔炉来研究岩石是如何熔化、岩浆是如何结晶的；他们还利用小但强大的压砧，重现钻石等矿物在地下数百千米处形成时的超高压力。我们可以利用这些研究成果来理解我们所看到的各种岩石，帮助我们构建它们所代表的景观，如海底地貌和地球深部结构等。

此外，岩石还可以帮助我们展望地球的未来，正所谓"过去是预测未来的钥匙"。我们正在共同塑造地质学的未来，尤其是通过制造越来越广泛的合成岩石和矿物，这正是我们将要探索的。

岩石中记录着大量故事

地球上分布着很多不同类型的岩石，本书中，我们将重点介绍其中的一部分。地质学家根据岩石的成因将岩石分为不同的类别，大体上有火成岩、沉积岩和变质岩等。在此基础之上又可以进一步细分，例如沉积岩包括砂岩、泥岩和石灰岩，而其中每一种岩石又可分为不同的种类，如砂岩就包括风成砂岩、富含黏土的杂砂岩等。

这种详细的岩石分类表明，每一种岩石类型都只讲述了一个特定的故事，但这种说法或多或少仅适用于分类时所使用的特定指标，例如砂岩中的粒度、形状或黏土含量等。实际上，在那块砂岩中还包含着更丰富的证据，可以证明它是如何形成的，而且这个过程跨越了很长的时间。

一块岩石
背后的复杂历史

平行条纹代表岩石最初在地表形成时的沉积层。不规则的裂缝或岩石节理是埋藏很深的岩石在之后上升时形成的。表面可见的侵蚀痕迹是风化的结果。

因此，砂岩中的每个颗粒都曾经来源于另一块岩石——也许是在遥远的过去从某个悬崖上剥蚀下来的花岗岩；也许是一块变质岩，比如构成某个消失已久的造山带的一部分的片麻岩；或者甚至是先前就已经存在的一块砂岩，它的颗粒被风化、剥蚀，后经河流和海流搬运，最终在很远的地方形成新的砂质沉积物。这些颗粒包含了许

多线索，地质学家可以通过在显微镜下观察其内部结构，或是对其进行地球化学分析，梳理出它们漫长的演化史。对于那些更深层次的演化历史和许多不同种类且消失已久的地貌，上述认识可以帮助我们更好地理解其中的丰富性和复杂性，这些奥秘很可能就蕴藏在小小的沙粒当中，可谓"一沙一世界"。

其实岩石最初形成的地质瞬间非常关键，比如，当沙粒在某个海滩、某个沙漠或海底聚到一起时，形成了一层沉积物，然后被埋藏、硬化，后来可能形成坚硬的岩层。最初的那些形态会保留下来，成为恢复古环境的重要证据。一旦我们学会解读这些线索，就可以重建远古时期的地质环境。

而这仅仅是开始，地层一旦被埋藏，将发生一系列相变。随着埋藏加深，它会慢慢进入地壳，在那里温度和压力都会上升。于是，在原岩的基础上，岩石形成了新的结构，在一定温压条件下会转变为变质岩，甚至会发生熔融。在岩石从深部向地表慢慢出露的过程中，也会产生新的结构和构造，这个过程非常漫长，可能持续数百万甚至数十亿年。

因此，当我们谈及一块岩石时，关键是要先确定我们所研究的故事到底处于其演化过程中的哪一段。即使是一块普通的岩石，它的故事也可以是无止境的。当然，主要还是因为岩石本身就非常古老，每块岩石都记录着丰富的历史。因此，获得岩石的年龄是研究其演化历史的关键。

岩石的年龄

地球非常古老。现有的研究表明，地球大约有超过 45 亿年的历史，我们是如何知道这一点的呢？这个问题其实并不简单，揭示其答案的证据隐藏在地球内部的岩石中，而人类为此花费了很长的时间和很多的努力。

大约三个世纪前，现代科学刚刚出现。那时的"学者"开始调查周围的岩层，发现其实地球历史比人类历史长多了。他们认识到，有些岩石中保存着动植物化石，而且其代表的生物不同于当时已知的任何现生物种。这并不算是一个直接的发现，因为当时这方面的研究非常少，世界上的许多地方还没有被探索，科学家们并不能立即确定这些化石中的生物是否还生活在全球其他地区。随着对全世界各地的不断探索，科学家们越来越确定，这些化石中的生物在现今地球上是不存在的（尽管还是发现了一些"活化石"）。就这样，人们逐渐认识到，其实早在人类出现之前，早已灭绝的史前动植物王朝就已经存在了。

这段历史到底有多长呢？19 世纪的人们是无法回答的，因为当时没有任何方法可以直接测定岩石和化石的年龄。人们做了一些巧妙的尝试，比如，计算海洋需要多长时间才会变咸，但是这个方法存在很大的缺陷，因为海洋中的盐既可以从海水中析出形成盐层，也可以从河流中汇入，这样一来海洋的盐度就不能作为史前时期的衡量标准。因此，人们通常会将这个问题进行转换："史前动物和植物经历了多少代？"这个问题可以得到相对准确的答案，但必须经过许多人的大量工作。当地质学被确立为一门自然科学后，早期地质学家的首要任务之一就是系统地研究地层，一方面是为了寻找煤炭和铁矿石等资源，另一方面是为了收集地层中的动植物化石并对其进行分类。

这是一项艰巨的任务，地层往往由于构造运动而发生褶皱和错位，而且很多地方或多或少被土壤和植被所覆盖，使得追踪不同地层变得极具挑战性。可喜的是，有些地方的地层呈现出清晰的层理，看起来就像一块整齐而清晰可见的"蛋糕"，例如美国的科罗拉多大峡谷。早期的地质学家通过类似这样的露头，总结出重要的地层判别准则——较老的地层会被较年轻的地层所覆盖，体现了沉积层之间的持续互相掩埋，这就是我们所说的地层层序律，又称地层叠覆律，至今它仍然是我们研究地球历史的基础。

然而，即使像大峡谷这样看似简单、连续的地层层序，也往往存在巨大的地层沉积间隔，因此它们所记录的地球历史非常碎片化，就像一本书中的大部分页面被撕掉了一样。这些缺失的页面可能在其他地方保存完好，但要想找到它们，并将地球的全部历史置于正确的时间序列中并不容易，这是一个巨大且需要持续进行的拼图游戏，因为我们地球的演化历史是庞大而极其复杂的。

到了19世纪中晚期，地球生物演化史的主要特征已经基本清楚，随着古老物种的灭绝和新物种的出现，如此反复，最终形成了现存的生命形式。这种生命演替模式具有普遍性，地质学家以此来区分地质年代。例如，包含丰富化石的最古老岩石被用来定义寒武纪，其最典型的特征就是其中包含大量三叶虫化石，它们是现代螃蟹和龙虾的已灭绝的亲戚。其他时期也是结合了相应化石群的出现和消失来定义的，最终形成至今仍在使用的地质年代表（the Geological Time Scale，GTS）。

地质年代表的基本框架在一个多世纪前就确定了，至今基本保持不变，例如寒武纪、石炭纪、侏罗纪等。当时的地质学家已经知道史前时间远远超过人类历史，但并不清楚它所代表的是几百万年还是更长的时间跨度。物理学家坚持时间尺度较短的观点，理由是时间跨度过长的话地球内部早就应该完全冷却下来了。但地质学家不同意，根据巨厚的岩层和地球生命的诸多变化，他们认为地球生物学上的这些变化需要更多的时间来适应。19世纪的地质学家威廉·巴克兰（William Buckland）凭直觉做出了一个令人难忘的大胆推测，他认为从英国侏罗纪岩石中发现的恐龙和海洋爬行动物（绝不是最古老的化石）一定生活在一亿年前。

直到19世纪末，放射现象的发现成为解决这一难题的关键。这种新发现的能量源可以使地球内部长期保持熔融状态，不仅如此，地质学家还可以利用放射性原理来计算岩石的年龄。一旦知道了放射性元素的半衰期，

岩层的历史

科罗拉多大峡谷的标志性地层代表了一系列古老的环境，最古老的在底部，最年轻的在顶部。

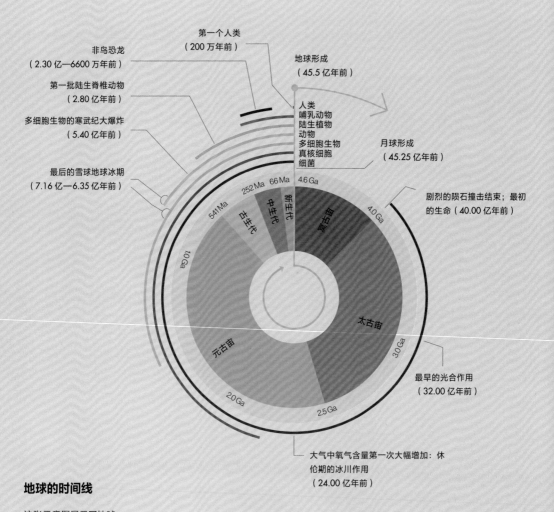

第一个人类
（200 万年前）

非鸟恐龙
（2.30 亿—6600 万年前）

第一批陆生脊椎动物
（2.80 亿年前）

多细胞生物的寒武纪大爆炸
（5.40 亿年前）

最后的雪球地球冰期
（7.16 亿—6.35 亿年前）

地球形成
（45.5 亿年前）

人类
哺乳动物
陆生植物
动物
多细胞生物
真核细胞
细菌

月球形成
（45.25 亿年前）

剧烈的陨石撞击结束；最初
的生命（40.00 亿年前）

最早的光合作用
（32.00 亿年前）

大气中氧气含量第一次大幅增加：休
伦期的冰川作用
（24.00 亿年前）

541 Ma 252 Ma 66 Ma 4.6 Ga

古生代 中生代 新生代

冥古宙

10 Ga

元古宙

太古宙

3.0 Ga

2.0 Ga 2.5 Ga

4.0 Ga

地球的时间线

这张示意图展示了地球
历史上的一些重大事件。
前 5 亿年几乎没有留下
任何岩石记录。生命的
起源至少出现在 35 亿
年前，且几乎都是微生
物，而我们熟悉的多细
胞动物直到 5 亿多年前
才开始大量出现。

Ma：百万年前

Ga：十亿年前

如从放射性铀的同位素衰变成稳定的铅同位素的时间，那么就可以通过分析有多少铀衰变成铅来计算含铀矿物的年龄。利用这一技术突破，科学家很快就发现地球的年龄不是几百万年，而是几十亿年。通过分析与不同地质时期的化石有关的放射性矿物（例如一些与史前生物同期的火山喷发所形成的矿物），地质年代表也变得越来越精确。结果显示，巴克兰所推测的侏罗纪地层实际上约有 1.8 亿年的历史，由此可见他当时的猜想并不离谱。

目前，多种放射性同位素测年法已得到发展和应用，其中有些适用于非常古老的岩石，比如铀铅测年法；而有些则适用于更年轻的岩石和沉积物，比如放射性碳同位素测年法只能追溯到 6 万年前的地质事件。随着岩石测年方法的精确度不断提高，地质年代表也在不断校准与更新。

石头的用途

常言道，地球是我们赖以生存的家园，我们所使用和依赖的物质皆取之于地球，若非从土壤里种植而来，那便来自岩石。这话一点不夸张，因为所有农作物和树木植被生长所需要的土壤正是由岩石风化而来。

最直接的例子就是建筑石材，它是人类最早使用的地质资源之一，现在已经形成了巨大的全球性行业。岩石可以用作建筑物和墙壁的主体构架，也可以用来建造覆层、地砖、浴室、厨房地板和工作台面。岩石不仅帮助我们建立了生活的物质框架，同时也提供了非常丰富的不同类型的石材，供人们研究和观赏。

更为显而易见的是，天然岩石也为我们周围的许多人造石提供了原材料，如混凝土、砖块、沥青、陶瓷和石膏等。这些人造石的规模极其庞大，已经成为地球地质学不可或缺的一部分，因此这一系列的新型岩石也将在本书中进行介绍。

我们使用的所有金属也都来自岩石，例如铁、铝、铜、钛、钒等。这些金属是建筑物的重要组成部分，它们的出现成为地球的一种新特征，并且它们已经随着宇宙飞船到达太阳系的各个角落。詹姆斯·韦伯太空望远镜（JWST）上的铍镜就是一个引人注目的例子，它能帮助我们探测到更遥远的行星和宇宙中最初的一批星系。我们之所以可以开采到这么多金属，是因为地球上的岩石富含金属矿石，也许比太阳系中任何其他天体都要富集。有些航天企业家把目光投向小行星带，也许是舍近求远了。

有时，我们也会在岩石上和内部进行建造，这些建筑物的稳定性直接取决于我们对岩石属性的理解。在暴雨时，软岩可能会变成泥石流，而硬岩会出现裂缝，可能会引起滑坡和崩塌。还有一些岩石会被地下水溶解，

岩石开采

世界上有成千上万的矿山和采石场（仅在美国就超过 12000 个），开采着我们需要的岩石资源——从煤炭、沙子、砾石到钻石。

地下能源

地下深处的岩层可能储存着数亿年积累下来的大量石油和天然气。这些化石燃料在很大程度上为我们的现代生活提供了动力，但我们对它们的持续使用正在不断破坏地球气候的稳定。

时间久了会导致地面塌陷，大规模地陷甚至会将上面的房屋或汽车"吞掉"。由此可见，并非所有岩石都坚不可摧，我们要清楚这些潜在风险，并且进行监测，才能确保我们生活在其中时的安全。

自工业革命以来，我们开采了大量的煤、石油和天然气，岩石逐渐成为能源的主要来源。这些化石燃料，实际上相当于储存了数亿年来的古代阳光的能量，在很大程度上为我们生活的现代互联世界的建设提供动力。此外，还有大量的能源来自核能，这同样离不开岩石，比如铀就来源于岩石中的铀矿石。

如今，化石燃料的使用带来诸多问题，如大气中二氧化碳含量急剧上升，以及由此导致的全球变暖、海洋酸化等，我们必须从其他种类的岩石中寻找可能的解决办法。即使将我们的经济建立在可再生能源（如太阳能和风能）的基础上，也将需要大量的自然资源，例如制造风力涡轮机就需

要至关重要的稀土元素。处理空气中过量的二氧化碳是有可能的，我们可以将其捕集、提纯后，再注入地下已经枯竭的油气储层，这实际上是在使用同样的地质工程技术，把当初开采碳氢化合物的过程反向操作了。

如果任由岩石留在自然状态下，它们也会与大气中的二氧化碳反应，从而形成碳酸盐矿物，最终降低全球温度，扭转全球变暖的局面。然而，这个过程极其缓慢，需要数千年甚至更长的时间，因此仅靠岩石本身无法解决我们当前面临的气候问题。

几十亿年以来，岩石一直是地球的主要温度调节器，与地表的液态水和生物圈（地球的生命皮肤）协同作用。这种基于岩石的气候控制是三十多亿年来地球保持宜居的关键。了解上述这些岩石相关的知识，可以帮助地球保持更长久的宜居，不仅是对人类而言，还包括其他所有生命。这便是我们需要更好地了解复杂而美丽的岩石外壳的另一个理由。

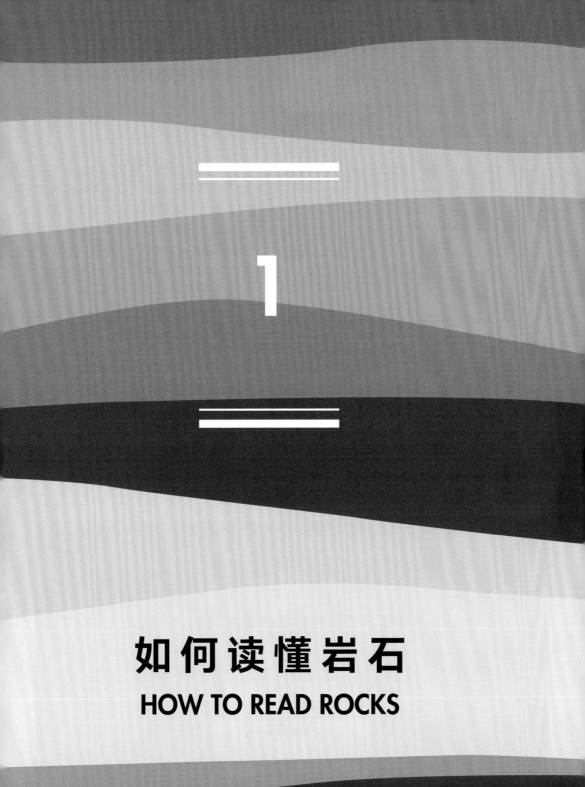

1

如何读懂岩石

HOW TO READ ROCKS

在太阳的照射下，地球提供了生命所需的一切，不仅为我们人类，也为45亿多年来存在过的所有其他物种。

岩石：
我们生活的
基础

当我们走在城市中心，随处可见岩石的使用，特别是那些装饰在建筑物上的石材——漂亮的花岗岩、石灰岩和砂岩石板。但是，我们城市大部分基础设施中的砖、混凝土和砂浆是通过岩石重组制成的——这构成了一种体量巨大的新型地质学，本书后面将探讨这个概念。这些建筑里的玻璃是用特殊类型的砂岩制成的，而里面的钢材来自富含铁的巨大岩石矿床，这些矿床大多形成于数十亿年前，当时我们的星球正在经历一次古老的转变。铜、铅、锌、锡等金属来自岩石中不同类型的矿石，这些矿石是通过复杂的方式和过程形成的，其多样性和丰富性是我们这个独特而复杂的岩石星球所独有的。

我们用于建造和运行这些建筑的能源，以及连接它们的管道运输系统，也以这样或那样的方式来自岩石。煤、石油和天然气仍然为我们提供大部分能源，它们来自岩石；事实上，煤本身就是一种岩石。核能发电所需要的铀来自另一种形式的岩石矿床。如果我们试图直接从太阳获取能量，就会需要太阳能电池板——也需要从岩石中提取特定种类的矿物来制造。我们对岩石的依赖是绝对的，也是不可避免的。

我们和其他物种的生活也与岩石密不可分。我们在土壤上种植农作物，而土壤是岩石分解的产物，为农作物生长提供了大部分的营养物质。组成植物体的关键成分碳的来源是二氧化碳，它是植物从大气中获取的，但在植物进化之前，二氧化碳是从地球的岩石中产生的，主要通过火山喷发排出。事实上，在地球历史的大部分时间里，二氧化碳与岩石经历了一个复杂的交换系统，这确保了植物所需的二氧化碳不会太多也不会太少。更重要的是，二氧化碳还确保了地球气候的稳定，但这种稳定现在正由于人类滥用岩石资源受到威胁。

因此，构成我们身体的物质——钙、碳、磷和所有其他元素，通过各种各样的途径，也都来自岩石。

岩石是非常迷人的，其重要性也是毋庸置疑的。现在我们已经学会了读懂岩石的方法，了解了地球是如何形成的，现在又是如何运行的。在接下来的章节中，我们将探索隐藏在岩石中的秘密。

一块非凡的岩石

澳大利亚的乌卢鲁，或称艾尔斯巨石，是由砂岩层构成的，这些砂岩层曾经是河砂，由于形成一亿年后的地壳板块运动而硬化并倾斜到接近垂直的位置。这些地层很少有天然裂缝，这就是为什么它们能矗立得如此之高。

国会大厦的岩石

乔治·华盛顿亲自为建造国会大厦选择了最初的石材——1 亿年前形成的砂岩，当时恐龙还在地球上生活。然而，这种岩石风化严重。现在，更抗风化的佐治亚大理石装饰了外墙。（左页图）

热量控制

炽热的岩浆涌向夏威夷海岸线附近的地表，这是地球释放一部分其内部不断积累的热量的方式之一。岩浆一旦冷却，将形成黑色的玄武质熔岩，这是夏威夷距离海底 10 千米高处的巨大岩石群的一部分。

在19世纪，早期地质学家开始通过许多以化石形式保存的生命和巨大厚度的地层来寻找地球演化史的证据。但当他们发现地球一定有着几乎难以想象的漫长历史时，却陷入了一个进退两难的局面。因为对物理学家来说，他们计算了地球从诞生至今，必须消耗多少热量才能达到目前的状态，这种状态下的岩浆仍然可以通过火山活动到达地表，这就意味着地球演化的时间跨度要短得多，应该只有几千万年。

地球：
一颗由热量驱动的岩石动力行星

直到19世纪晚期放射性现象被发现，这一困境才得以解决。人们很快发现，岩石的天然放射性可以作为一个额外的热源，阻止地球上所有的岩石完全凝固，并使地球在目前已知超过 45 亿年的时间里保持活跃、维持高能。

如果我们下到矿井中，就可以感受到地球内部的热量：从地表向下，深度每增加 100 米，温度就会上升大约 3℃。一部分热量来自放射性，还有些热量是在地球形成时，太阳系早期小行星和微行星相撞时的大灾难中留下的，特别是地球与一颗火星大小的忒伊亚行星（Theia[1]）发生的强烈碰撞，据说碰撞中甩出了很多碎片，它们汇集在一起形成了月球，随后被困在了地球的引力场中。[2] 在那之后，地球上形成了一个深 1000 千米左右的岩浆海。地球是一个非常大的行星，同时岩石又是很好的绝缘体，令人惊讶的是，几十亿年过去了，地球上仍残留了当时的一些热量。

---

1 又译提亚，是太阳系中曾经有过的一颗星体。以古希腊神话中月亮女神塞勒涅之母忒伊亚命名。
2 关于地球和月球是如何形成的，上述说法是目前相对主流的说法，还未有定论。

地球是一个热力引擎

这种热量可以在地球表面的火山活动和地震中感受到。在更大、更慢的范围内，这些热量驱动着地球表面的板块运动，造成了大陆"漂移"以及板块碰撞时造山带的隆起。地球内部一直在积聚热量，事实上我们可以把板块构造运动看作地球散热的一种手段。尽管火山喷发和地震具有破坏性，但这种热量流失的方式实际上是一个非常规律且温和的过程。我们的邻居金星，由于没有板块构造，有证据表明，热量只是在金星内部积聚，然后以整个星球范围内岩浆喷发的形式释放出来。每5亿年左右，它就会以一种更猛烈的热量释放形式"改头换面"。

向地球内部越深，温度会不断升高，人们可能会认为所有的岩石很快就会熔化。但是随着深度的增加，压力也在持续增加，这会使岩石保持固体状态，从而抵消温度升高所带来的影响。因此，热量和压力之间存在着一种竞争关系，这意味着，在到达地下2900千米处的熔融地核之前，这些深层岩石大部分是固体，只有少量的熔体。

热流密度示意图（单位：毫瓦／平方米）

23 - 45	55 - 65
45 - 55	65 - 75

75 - 85	95 - 150
85 - 95	150 - 450

坚硬的内部：
解读地球最深处
的岩石

想要采集到地下更深处的岩石样品，我们需要依靠地球本身的机制。当地球表面的构造板块不可阻挡地移动时，会使山脉隆起，这一过程可以将巨大的岩石从地壳下部甚至更深的地幔处拖拽到地表。

深埋的岩石也会被上升的岩浆分离成碎片带上来，并随着岩浆的喷发到达地表。这些捕虏体（"外来岩石"）就是很好的样本。在所有岩石中，最深的一些岩石是那些将钻石带出地表的岩石。它们可能来自数百千米深的地下，随着罕见而强大的金伯利岩浆的喷发而出现。

在此之下更深处的岩石是人类无法接近的。但是，我们可以通过仔细研究穿越地球的振动模式探测到它们。这些振动就是地震产生的冲击波（或地震波）。我们研究它们的传播路径和速度，可以为了解地球最深处岩石的性质提供重要线索。

地震波有不同的种类：一些是压力波（横波，也叫 P 波），有点像在空气中传播的声波，可以被听到；另一些是剪切波（纵波，也叫 S 波），当这些冲击波通过时，岩石颗粒会向侧面移动。不同类型的岩石对地震波有不同的反应，这有助于我们对其进行区分。

地震波显示的第一个主要岩石边界位于地壳和地幔之间，地幔由密度更大的物质组成。地震波显示，在软流圈（上地幔的一部分）的岩石更热、更软。在这上面是坚硬的岩石圈（地幔的最上面部分和地壳），它被分解成可以移动的构造板块。距离地表大约 2900 千米以下是地球致密的熔融内核，由铁和镍组成，只有 P 波可以穿过它。对这些波的研究已经确定了地球的最中心有一个坚实的固体内核。

来自地球深部的山

从远处看斯莱扎山[1]，它是由富含铁和镁的致密火成岩组成的，这种岩石来自莫霍界面（Moho，地壳和地幔之间的过渡地带），通常位于地下约 50 千米处。但在这里，构造作用将其推上了地表。（右页图）

---

1 斯莱扎山（Ślęża）是波兰境内的一座山峰。

地心之旅

对人类来说，这是一段不可能的旅程，但我们可以通过研究穿过这些岩层的地震波，来探索地下深处的岩石和岩浆层的某些特征。

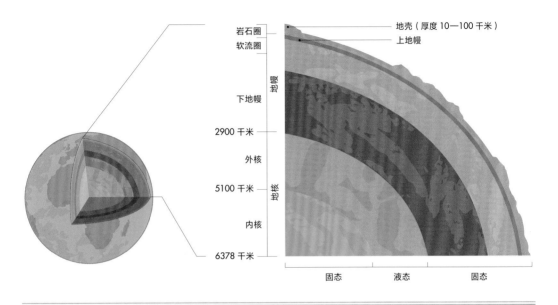

岩石圈
软流圈
地幔
下地幔
2900 千米
外核
地核
5100 千米
内核
6378 千米

地壳（厚度 10—100 千米）
上地幔

固态   液态   固态

与其他岩石行星不同，地球的外壳并非固定不动。它被分裂成许多缓慢移动（大约和人类指甲生长的速度一样）的构造板块，彼此靠近、远离或擦肩而过。这一独有的特征是地球上发生的一切事情的基础。如果没有它，我们所熟知的生活是不会存在的。

驱动力：
板块构造

这种板块活动的想法最早出现在 16 世纪。美洲与非洲－欧洲的海岸线似乎十分贴合，就像被拉开的拼图一样，这表明这些大陆曾经连在一起。但这一观点曾一度被遗忘，直到 20 世纪初再次出现，当时人们有了更多的证据表明，地球上的大陆似乎在移动——有时连接，有时分离。但是大陆漂移的观点是有争议的，大多数地质学家不相信地球上的大陆能够像他们想象的那样在海底的岩石上移动。

这个谜题在 20 世纪后期被解开了，当时人们通过声呐、深潜器和钻井探测了海底的岩石，长久以来人们完全无法接近那里，因此非常神秘。人们发现，几乎所有的这些海底岩石都是玄武岩（见第 50—57 页）。从地质学角度看，它们非常年轻，只有几千万年的历史，而古老的大陆则有几十亿年的历史。在所有的海洋岩石中，最年轻的岩石位于洋中脊的顶部。在那里，随着岩浆从下面涌出，大洋地壳不断被拉开和增厚。

那么，是不是整个地球都在膨胀，就像气球被吹大了一样？这个想法曾被短暂地考虑过，但人们很快就发现，新的大洋地壳形成的同时，其他地方的大洋地壳也在逐渐消失，它们沿着俯冲带的海沟被推回了地球深处。海底造山带主要表现为相对温和的火山活动。冰岛就是一个例子：它是大洋中脊的一部分，被抬升出海面，变成了陆地。俯冲带和构造板块相互滑动的地区是经常发生强烈地震、海啸和爆炸性火山喷发的地方，比如美国加利福尼亚州的圣安德烈亚斯断层（San Andreas Fault）。环太平洋火山地震带是一个"臭名昭著"的地区，这里的太平洋洋底正在滑向地幔。

地震后的景观

左图是 1906 年旧金山致命地震后圣安德烈亚斯断层的部分地区出现的断裂景观。周期性的大地震是不可避免的，因为这一断层处于太平洋板块和北美板块的交界处，两者正在不可避免地相互滑动。

板块构造如何运行

　　板块构造的关键原理在于，岩石圈是独特的刚性构造板块，它们位于上地幔的软流圈之上，与岩石圈相比，软流圈更热、更柔软，这使得构造板块之间可以相互移动。左侧上面的地图显示了恐龙时代的大陆板块，当时大西洋还未形成。

　　当这两个大陆分开时，并不是从洋底切开，而是两个板块之间涌出的地幔物质堆积形成的洋底慢慢将两个大陆分开了。16 世纪的地图绘制者亚伯拉罕·奥特柳斯（Abraham Ortelius）的判断是对的：非洲和欧洲曾经与美洲连在一起。现代地质学家估计，它们大约在 1.5 亿年前开始裂解。

提到矿物，我们首先想到的往往是博物馆里陈列的一簇簇美丽的、色彩斑斓的晶体。矿物当然可以用这种形式出现在人们面前，但大多数矿物并不那么引人注目。当然，美总是存在的，但要辨别它可能需要用放大镜近距离观察。因为矿物是岩石不可或缺的组成部分，所以在矿物的美之外，我们要了解的东西还有很多。

矿物：岩石的主要成分

那么，什么是矿物呢？矿物本质上是一种天然存在的固体无机结晶化合物。一个常见的例子是食盐，也就是氯化钠（NaCl）。通过让一些盐水蒸发，可以很容易产生盐晶体，它们表现为特有的立方体形状。在自然界中，这种现象发生的规模要大得多，岩盐会在湖泊或海湾干涸时形成的风沙环境中结晶。例如，地中海下面有一层深埋的岩盐层，厚度可达 2 千米。大约在 600 万年前，整个地中海与大西洋隔绝，并在炎热的气候下逐渐干涸，岩盐层就这样形成了。这是一场自然灾难，大海在一段时间内变成了一片白茫茫的、毫无生气的沙漠。这期间形成的盐层后来被发现并开发利用。它们是一种非常珍贵的资源，尤其是在工业革命前，在罐头食品出现之前，盐是保存食物的主要方式。

岩盐是地球上约 5000 种天然矿物之一。其中一些矿物结合在一起，就构成了我们在地球表面看到的大部分岩石。这些岩石大多是硅酸盐岩，以地表最常见的硅、氧元素结合而成的分子为基础，共同构成了地球地壳的 75%。在地球表面，很少有矿物能在组成岩石方面和硅酸盐矿物相比。但碳酸钙矿物是一个例外，尤其是方解石，它与相关的富含镁的碳酸盐矿物——白云石一起构成了自然地貌中常见的石灰岩地层。地球上的许多其他矿物要么散布在主要的岩石类型中，要么（尤其是那些我们正联想到的壮观而美丽的博物馆标本）特别地集中在某处，比如矿脉。

氯化钠晶体

晶体中有很多可以探索的东西。右图中的立方体形态是晶体中有序原子组成的三维结构的放大。晶体的大小是衡量它们生长速度的指标（这些晶体生长得很慢），而玻璃般的透明度则表明其化学纯度。

硅酸盐的原子结构

硅酸盐是一种基于特定分子结构的矿物，即一个硅原子被四个氧原子包围的硅氧四面体（SiO_4）。这些四面体与其他原子连接并结合，形成不同硅酸盐基团的晶体结构。

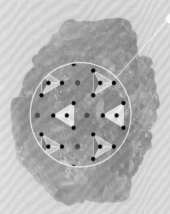

橄榄石

在橄榄石、辉石和角闪石中，四面体与铁、镁原子结合，这些矿物通常很重且呈深色（尽管橄榄石是一种可爱的绿色）。

石英

石英是最简单的硅酸盐矿物，只由硅和氧两种原子组成。

长石

长石是地球表面最丰富的矿物，铝和钙、钠、钾的组合排列在四面体周围。

云母

硅酸盐矿物不仅在化学成分上有差异，在分子排列上也有差异。它们可以被排列成框架、单链和双链。最引人注目的是，在云母中，它们形成了层状，这种分子模式体现在云母容易分裂成薄片的特性。

少数几种非常常见的矿物构成了地球表面的大部分岩石。此外，还有几十种矿物也经常能遇到。但是由于这些矿物的不同组合方式，以及它们的不同比例和形态，形成了无数的岩石类型，每一种都有自己的故事，我们将在本书中探讨其中的许多类型。

形成：矿物如何结合形成岩石

矿物聚集在一起形成岩石有三种主要方式。第一种是通过岩浆（熔融岩石）的冷却和凝固（固结）形成岩浆岩。当炽热的岩浆下降到一定的温度时，岩浆中开始形成晶体，就像放在冰箱里的一杯水中会形成冰晶一样。随着所有的岩浆固结，根据熔体的化学成分，可能只有一种晶体会形成并最终产生单矿岩（其实冰可以被视为单矿岩）；更常见的情况是，随着温度的下降，几种矿物相继形成，形成复矿岩。例如，花岗岩可以由云母、长石和石英晶体形成，这些晶体之所以很大，是因为花岗岩岩浆在地下冷却缓慢，给了晶体形成的时间。但是，如果岩浆喷发到地表并冷却迅速，那么就只能形成微小的晶体，从而形成了流纹岩——一种火山岩。如果冷却速度极快，则没有时间形成晶体，岩浆便会固结成玻璃，比如黑曜岩。

矿物组合的第二种常见方式是聚集成沉积物。岩石或矿物的颗粒可以通过地球表面的风和水的作用聚集在一起，例如海滩上的沙子和砾石层；或者通过重力方式移动，如泥和巨砾被灾难性的泥石流挟带。在海滩上，

一种典型的花岗岩

英格兰北部的沙普花岗岩（Shap Granite）由粉红色正长石的大晶体以及白色斜长石、灰色石英和黑色黑云母的小晶体组成。岩浆在地下深处冷却和凝固，这些晶体在其中生长得非常缓慢。（左图）

砾岩

一种富含砾石的沉积岩。（右图）

波浪运动对沉积物颗粒进行不断的分选和分离，因此它们的大小往往非常均匀；而在泥石流中，它们可能完全没有经过分选，巨砾和泥片混合在一起。如果这些沉积层被埋藏为地层，它们之间会形成天然的化学胶结物，颗粒会结合在一起，形成坚硬的沉积岩；而有些沉积岩完全是化学成因的，比如海洋干涸时形成的岩盐层。地球上有各种各样的沉积岩，我们将在第三章对其进行探讨。

火成岩和沉积岩都可能被深埋，并受到高温和高压的影响，这种影响还包括造山带（构造板块碰撞的地方）形成时，岩石在被挤压和形成褶皱时所受到的压力。随着温度和压力的升高，新的矿物形成，岩石在保持固态的同时开始发生变化，成为不同种类的变质岩，这就是第三种矿物组合方式。例如，泥岩（曾经是一层泥）在热量和压力的作用下会形成板岩，板岩会（随着晶体变大和新矿物的形成）转变成片岩，然后再转变成片麻岩。岩石中的矿物排列结构，为形成它们的力量提供了线索。

所有这些岩石类型在地质历史上都联系在一起，可以用岩石循环来表示。

典型的砂岩纹理

倾斜的地层在沙漠风化作用下露出，表明这些坚硬的岩石曾经是松散的沙子，被风或水流塑造成了沙丘。

岩石的转化

下图中是片麻岩——一种变质岩，它的矿物带是在高温高压下再结晶形成的。

当用望远镜仰望月球，你可以看到数十亿年来几乎没有变化的岩石图案。从地质学的角度看，月球几乎已经"死亡"。相比之下，地球在其内部热量的驱动下仍然高度活跃。它的不断运动表现为独特的板块构造机制：大陆裂解和聚合，洋盆随之形成与消亡。

无尽的岩石循环：岩石的形成、衰变和更新

地球上的岩石，在这种无休止的活动中，持续不断地形成、分解和转化。事实上，地球历史上最初的十亿年几乎什么都没有留下，这段时间的地球就如同那拥有古老的、至今仍然可见地形的月球。这种地质活动可以被描述为在数百万年的时间尺度上运行的岩石循环。

这种循环可能始于岩浆形成的火成岩，这是最原始的一种岩石。一旦到达地球表面，火成岩就会受到侵蚀，发生崩解和破碎，就比如当风暴潮冲刷基岩海岸。岩石也会受到雨水的化学侵蚀，雨水具弱酸性，因为其中溶解了大气中的二氧化碳。在这种侵蚀下，许多火成矿物分解，其分子晶格分解形成新的沉积矿物，如黏土矿物——这是泥的主要成分。石英等更耐化学侵蚀的矿物以颗粒的形式释放，而火成矿物的一些物质在溶液中被带走，最终流入大海，成为海洋中的盐。

在这些被称为沉积物的火成岩分解残留物中，有些留在地表形成土壤。但大部分沉积物很快会被河流冲走，流入湖泊或大海。在那里，沉积层沉积下来，堆积形成厚厚的地层序列，尤其是在地壳不断下沉的地方。一旦这一过程开始，沉积物的巨大重量会导致地壳进一步下沉，导致更多的地层堆积，这通常会达到几千米的厚度。

地壳下沉到一定深度后，深处的热量和压力首先有助于将软沉积层岩化为硬沉积岩层。然后，尤其是在造山期，这些沉积岩（与火成岩一起）逐渐在更多热量和更大压力的作用下，形成变质岩。

在更深处和更高温的环境下，这些变质岩开始融化，从而形成岩浆。岩浆又会形成火成岩，因此循环又开始了。

岩石循环

这些转变在地球的岩石地壳中不断发生，这是由地球表面的风化和侵蚀以及地下深处的热量和压力所驱动的。

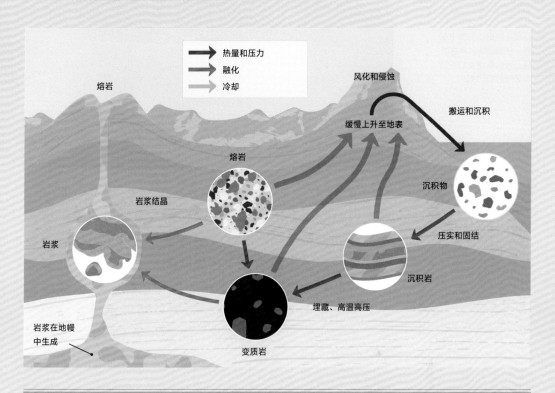

热量和压力
融化
冷却

熔岩

熔岩

岩浆结晶

岩浆

岩浆在地幔中生成

变质岩

埋藏、高温高压

沉积岩

压实和固结

沉积物

缓慢上升至地表

风化和侵蚀

搬运和沉积

岩石侵蚀——特写

英国威尔士阿伯里斯特威斯海滩上的沉积层正在被海浪侵蚀，形成砾石沉积物——这是当地岩石循环的开始，而较细的沉积物会被冲向更远的大海。

城市岩石

城镇和城市从未远离建造它们的岩石，这些岩石可以在天然的峭壁中看到，也可以在人工挖掘现场和路边剖面中看到。仔细观察，裸露的岩石可以揭示我们的城市最深层的历史。

观察岩石的诸多乐趣之一，是它们几乎随处可见。现在能看到的岩石比石器时代要多得多。在那个时代，只有一部分人类祖先生活在十分黑暗的岩石洞穴中。对那些生活在平原上的人来说，由于厚厚的植被和土壤层覆盖，岩石却并不常见。然而今天，岩石被大量挖掘出来，用于修建我们的建筑物；曾经一望无际的森林也被大量砍伐，成为农田。在这些开阔的土壤中，很容易发现砾石和岩石碎片。

在哪里
可以看到岩石：
从城市到大自然

在自己家附近的地方开始岩石探索之旅是很有意义的。虽然在我们附近很少能见到壮观的岩石峭壁，但大多数人都可以接触到当地公园和花园中的土壤，在这些土壤中通常就含有砂砾和天然鹅卵石，这些都是天然的岩石样本，如果我们对它们进行正确的观察和检测，就能挖掘出其背后漫长且引人注目的地质历史。其中一些大小整齐的岩石样本来自附近土壤下的岩石。另一些则可能是在冰河时代被冰川搬运了数十或数百千米而来，它们通常是来自同一个地区的一组岩石，可以反映整个地区的地质概况。还有一些是人类带来的，用来建造砾石路和车道。无论它们如何到达这里，岩石都会包含迷人的纹理、结构、矿物和化石，它们为你在家门口打开了一扇通往过去世界的窗户。

去最近的城镇或市中心看看，人类带来的岩石的范围就会大幅扩大，而且往往是以一种最壮观的方式。在这里，人们可以欣赏和琢磨各种各样的岩石，从商店、银行和餐馆的装饰性门面，到用于雕塑或公共走道的材料。更妙的是，它们经常被切割和抛光，因此无论是在宏观层面（比如与一座宏伟的建筑保持一定距离，以便更完整地观察），还是在更仔细地观察微观细节时，它们的纹理和结构都清晰可见。当然，还有大量的人造岩石，它们本身也很有趣（见第六章）。另外，在城市的某个地方还可能会有一座博物馆，里面有美丽的岩石标本和关于它们的迷人信息。简而言之，城市就像是一座地质天堂。

当然，人们可以进入山区或沿着基岩海岸，看到自然环境中的岩石。但它们往往不像在城市的装饰性石板上那样容易观察，也很可能在比较危险的地方，那就更不容易观察到了。然而，在自然状态下观察它们的妙处，不仅在于可以看到岩石的细节，还可以探究不同岩体之间的关系。这样你就可以更容易地推测出它们共同揭示了怎样的漫长历史。每一处景观都有自己的历史，发现这段历史的过程就像解开一桩谜案，但规模却要大得多。

沙漠岩石

在沙漠地区，比如美国亚利桑那州的朱红色悬崖，就像古老的砂岩一样，这里几乎没有土壤和植被，岩石的纹理清晰可见。（上图）

一个经典的山区地貌

位于意大利的阿尔卑斯山脉是欣赏岩石的经典之地。但要小心——近距离研究这些地区的岩石可能既困难又危险。（左图）

规模问题：
从行星到沙粒

如今，因为太空探索活动，太阳系行星和卫星的图像已广为人知。在所有这些星体中，地球在某些方面是最难解释的，因为这是一个充满活力、有生命的星球，其天气系统、植被、土壤、海洋和城市覆盖了地球的大部分岩石基础。不过，现在很容易找到山脉和岩石沙漠的卫星视图，我们可以在电脑屏幕上对它们进行无尽的探索。

回到地面上，人们在试图了解下面的岩石时会被地表景观所困扰——这是一项特殊地质技能，后面我们会探讨。在这些景观中，有岩石裸露在外的峭壁和悬崖，我们便可以更仔细地对岩石进行观察。最好、最重要的分析工具是你的眼睛。在大多数情况下，你并不需要那件大名鼎鼎的地质装备——地质锤！当你锤击时，很容易弊大于利，破坏完美的岩石表面。特别是，一些地貌景观中的许多岩石表面已经暴露在风雨中几十年或几个世纪了——在那段时间里，风化作用往往会突显岩石的微妙纹理特征，这

卫星图像中的岩石

纳米比亚纳米布沙漠的卫星图像显示了古老的岩层，它们的图案像蕨类一样，在其中可以清楚地看到大规模的平坦地层，侵蚀作用使其显露出来。在这些岩石周围，浅黄色的区域是现代活跃的风成沙丘。

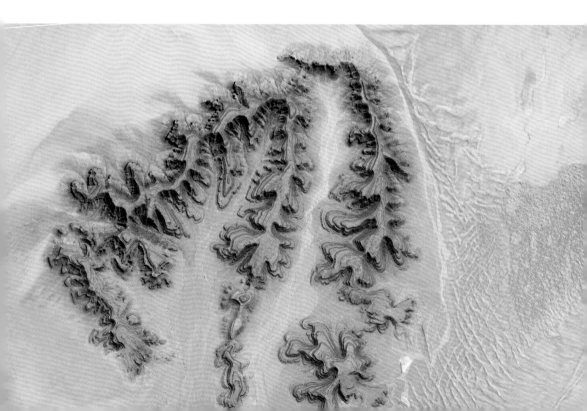

岩石特写

通过显微镜观察砂岩，可以清楚地看到沙粒的形状和大小，以及视野中间的一块小卵石。

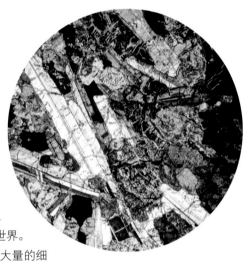

些特征是其起源的线索，其中包括古代沙丘的轮廓、化石或古代熔岩流中的块状物，但这些在新的岩石表面上可能很难看到。为了给子孙后代保存这些岩石表面，最好的观察方式是看，而不是触摸！

想要更仔细地观察，有一种非同寻常、不可或缺、超低成本的装备——放大镜，它可以揭示全新的隐藏世界。在放大倍数仅为 10 倍左右的情况下，就可以显示出大量的细节，而即使是最敏锐的肉眼也无法触及这些细节。它可以显示火成岩中晶体的性质和排列，沉积岩中颗粒的形状和组成，化石的精细解剖结构，矿床的纹理以及一系列其他岩石线索。它足够小，可以放在口袋里随身携带。另外的好处是，当你漫步乡野之时，它还可以向你展示花朵和昆虫等美丽的特写。正确使用放大镜有一个小技巧：镜片应紧贴眼睛，将岩石样本拿到镜头前（或将头部凑近岩石表面）。在放大镜上系一条丝带会让你在探索时更不容易弄丢它。

要想更仔细地观察，你可以采用更先进的技术（也更昂贵），比如使用双目显微镜放大更大的倍数。甚至还可以将岩石切割成薄片（薄到半透明），在偏光显微镜下进行观察。这是一项专业的工作，幸运的是，互联网上有免费的此类图片库。

显微镜下的岩石

为了用光学显微镜进行观察，需要将岩石切成薄片——只有约 0.03 毫米厚的半透明薄片。通过它照射的偏振光，可以使矿物呈现出不同的颜色。

在世界许多地方，特别是气候温和、土壤和植被容易发育的地方，很难直接看到岩石。它们就在那里，就在你脚下不远处——但它们仍然隐藏在视线之外。地质学家称之为"软岩"的岩层尤其如此，它是所有岩层中最年轻的地层，可以在很短的地质时间内形成，比如最近一个冰河时代（见第146—147页），甚至在气候变暖之后的过去几千年里。这些新近形成的地层很少形成坚硬的岩石，因此不会像悬崖峭壁一样突出。然而，它们所蕴含的故事可能与更古老的"硬岩"一样引人入胜，也同样重要。

地形线索：
解读自然景观

地质学家经常需要努力寻找岩石可能暴露的地方。还有另一种技巧可以发挥作用，那就是分析整个自然景观，找出下面隐藏的岩石的排列方式。在这里，人们需要练就"透视眼"，以便观察绿色的山坡和平原下面的岩石，并重建岩石骨架。地质学家称之为"特征填图"，因为他们正是利用地形特征的线索——山脊、山谷、斜坡角度的变化——来推测出下面的地质情况。这是一项任何人都可以掌握的技能，还有一个额外的好处，那就是可以在乡间愉快地散步（尽管这也可以通过在电脑屏幕上观看自然景观的卫星图像来实现）。

在软岩中可以找到一些最直接的例子。例如，平坦的河漫滩标志着河道在数千年的时间里，从一边蜿蜒到另一边，穿过它所占据的山谷，不断改变其位置，留下河道沉积物——砾石、沙子和泥土。因此，平坦的河漫滩与上升到高地的山谷斜坡相邻的地方，就是这些特殊的软岩的边缘，即最新的河流沉积物。在任何有河流经过的地区，都很容易发现这些地质边界。

同样，在山地地形中，人们可以寻找粗糙、高耸、崎岖的地面和与之相邻的平滑、平缓的斜坡之间的差异，前者是古老的坚硬岩石出露的地方，后者则标志着位于地表下方的更柔软、更年轻的沉积物（如上一次冰河时期冰川留下的沉积物），它们覆盖着下面的坚硬岩石。

在坚硬的岩石中，有一个非常常见的地形特征，即抗风化能力强的坚硬地层（如砂岩）和较软的风化层（如泥岩）交替出现。坚硬的地层形成山脊（即"陡崖特征"），即使岩石本身没有暴露在地表，也可以通过精确追踪绘制出这些砂岩层的地图，而这些山脊之间的低地则标志着泥岩层的位置。

　　景观中还存在其他类似的特征，其中一些非常壮观，比如苏格兰爱丁堡的一座古老的火山口，形成了陡峭的山丘。要识别所有这些需要时间和练习，但这是一项最能获得愉悦和成就感的技能。

岩石如何形成地形

　　在这里被侵蚀的倾斜地层中，坚硬的岩层更耐侵蚀，因此形成了一个陡峭的山脊，后面是一个较为平缓的倾斜斜坡。地质学家利用这些线索来追踪自然景观中的地质地层——即使是在岩石没有出露的地方。

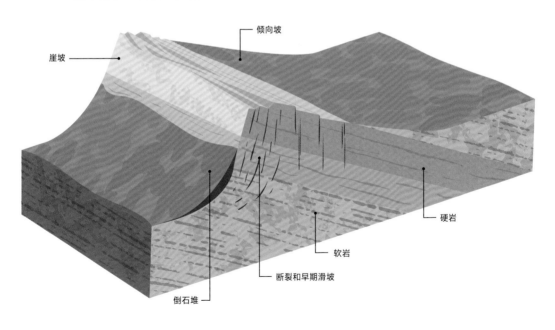

崖坡

倾向坡

硬岩

软岩

断裂和早期滑坡

倒石堆

2

岩浆岩
ROCKS FROM MAGMA

岩浆岩（又叫火成岩）是岩浆非凡旅程的终点，这段旅程始于地下深处，在那里，岩石被其自身的天然放射性加热。由于地球体积巨大，而岩石又是很好的绝缘体，所以热量会积聚起来，直到岩石开始熔化。

深部热源：
岩浆的形成

但熔化的原因并不仅仅是热量。如果我们可以深入地下几百千米的地方，就会到达地幔，那里的温度高达1700℃。倘若在地球表面，在这种温度下的岩石会非常容易熔化，但地幔所处的位置有着巨大的压力，这确保了那里的岩石仍然是致密的结晶固体。这种深而坚硬且炽热的岩石在地幔中极其缓慢地移动着。

当这些岩石上升到地表以下约 200 千米处时，温度仍然很高，但压力却变低了。因此在这个深度，岩石开始发生熔融。地幔中只有小部分岩石熔融成为液态，形成少量岩浆液滴。这些液滴与地幔岩石的化学性质不同，其中的铁和镁的含量通常较少，硅和铝的含量往往更多。在熔融过程中的这种化学"延伸"，是地球上具有各种各样化学成分和矿物组成的岩浆岩的形成方式之一。

由于其化学成分的改变，这些岩浆液滴的密度通常小于残余的岩石，因此可以穿过岩石上升。最初的路径是缓慢且曲折的：岩浆可能需要数千年的时间才能上升到地球表面。

当岩浆穿过地壳中较脆、较冷的岩石时，通常会沿着裂缝和断裂上升。有时岩浆会聚集在地表以下大约 5 到 10 千米深的岩浆房中，其中的岩浆体积可以累积到数百甚至数千立方千米。在这里，当岩浆受到某种构造变化的推动或有新的岩浆注入，就会以火山爆发的形式到达地表。

在这种深度，岩浆不仅包括熔融的岩石，还包含溶解的气体，如蒸汽和二氧化碳。高压可以让这些气体保留在岩浆中，就像二氧化碳可以保留在碳酸饮料中一样，直到瓶子或罐子被打开，才会得到释放。一旦岩浆接近地表，这些气体就会在随后的喷发中释放出来。

---

1 岩石中放射性同位素的衰变可以产生热量，但产生的速度较慢，需要累积数千万年才能使深部岩石发生熔融。因此，大多数情况下，单靠放射性衰变是不可能产生岩浆的。

火山的解剖图

火山的解剖图：火山爆发是地下深处的岩浆经过漫长而复杂的过程之后的最终结果。这些过程的性质以及它们改变岩浆成分的方式，最终决定了火山喷发的类型和火山岩的种类。当岩浆在地下深处任何地方停滞或凝固，就会形成不同种类的深成岩。

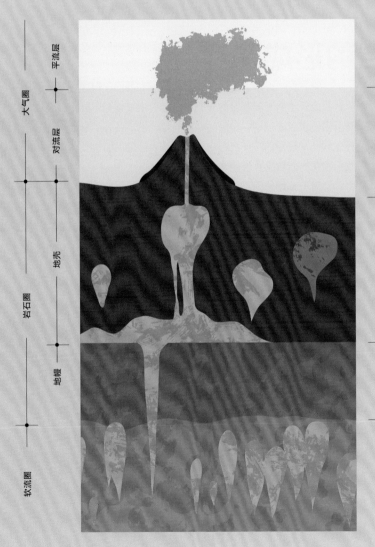

大气圈
平流层
对流层

岩石圈
地壳
地幔

软流圈

各种气体和火山灰排放到大气中

熔岩和火山灰从火山中喷出

岩浆继续上升，在地壳中某处聚集形成岩浆房，岩浆在那里或结晶凝固，或继续向火山口方向上升

岩浆穿过地壳时可能与周围岩石发生反应，从而改变其成分

岩浆起源于地幔岩石的部分熔融

并非所有上升的岩浆都能喷出地表。如果上升的速度太慢，它可能会在这个过程中就冷却并凝固。当岩浆遇到密度比它小的围岩，岩浆就不会继续向上流动，而是更容易停留在地下，从而把上覆的岩体抬升起来。因此，许多岩浆在地下深处冷却并凝固，这样形成的岩浆岩被称为"深成岩"（plutonic，以古罗马神话中冥王普鲁托的名字命名），或"侵入岩"（因岩浆侵入其他类型的岩石中而得名）。

冷却：
深成岩的形成

围岩，尤其是在地表以下几千米处的那些岩石是"温暖"的，它们隔绝了岩浆。整个岩浆房以这种方式在地下冷却和凝固，但速度非常缓慢——这一过程会长达数万年甚至数十万年。随着温度逐渐下降，岩浆中的化学离子开始停止自由运动，然后结合在一起，形成各种矿物晶体的分子框架。在这种非常缓慢的冷却过程中，晶体有足够的时间生长，形成的结果就像我们在花岗岩和辉长岩中看到的那样。

当有一些额外因素发挥作用时，可以生长出非常巨大且壮观的晶体。一些富含水的岩浆会变得松散且具有流动性，离子可以更容易地向生长中的晶体移动，从而使晶体变得更大。这种巨大的晶体在伟晶岩中可以看到，伟晶岩通常在花岗岩岩体之后形成[1]，源自最后一个正在冷却的富水花岗岩岩浆囊。

矿产宝藏

形成伟晶岩的岩浆汇聚了稀有元素，这可以形成非常壮观的晶体，比如图中这个来自阿尔卑斯山的榍石。（左图）

**慢速结晶
和快速结晶**

石英、粉色长石和深色角闪石的大晶体在岩浆房中缓慢生长，其余的岩浆在向地表喷发后迅速冷却成细小的基质。（右图）

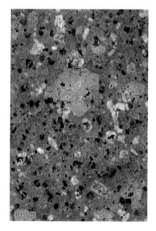

另一方面，当岩浆注入地壳岩石的狭窄裂隙和裂缝中（或那些喷出地表的岩石），会快速冷却并形成薄层。此时，大多数离子几乎没有时间在快速冷却的液体中移动得很远。在这种情况下，许多小晶体（即使使用放大镜也很难看到它们）形成细粒岩浆岩。而在某些情况下，如果岩浆非常黏稠，同时冷却得又很快，可能根本没有时间形成晶体，此时岩浆就会凝结成一种天然的玻璃[2]，比如黑曜岩。因为这种天然玻璃含有杂质，透明度很差，所以人们不会把它用作窗户上的玻璃。但是，这种天然玻璃断裂后的边缘非常锋利，我们的祖先经常用它来制造工具和武器。

那些最吸引人的岩浆岩是在地下深处就开始缓慢冷却的岩石，因为在岩浆突然喷发到更高、更冷的地方之前，那些巨大的晶体就已经开始生长了。在那些快速形成的小晶体（即基质）中，这些早期形成并冷凝固结的晶体往往作为大的斑晶存在，这样形成的岩石被称为"斑岩"，它们通常被用作装饰石材，那些美丽的图案反映了其起源的戏剧性和复杂性。

花岗岩山

苏格兰阿伦岛的戈特山是一个花岗岩岩体，是5500万年前北大西洋的边缘部分扩张时形成的。它之所以上升到如此高度，是因为它所侵入的岩石比构成它的岩石更容易受到侵蚀作用的影响。

---

1 伟晶岩与花岗岩关系密切，一般形成于岩浆活动的后期。
2 即以玻璃质为主的岩石，又称火山玻璃。

ROCKS FROM MAGMA

43

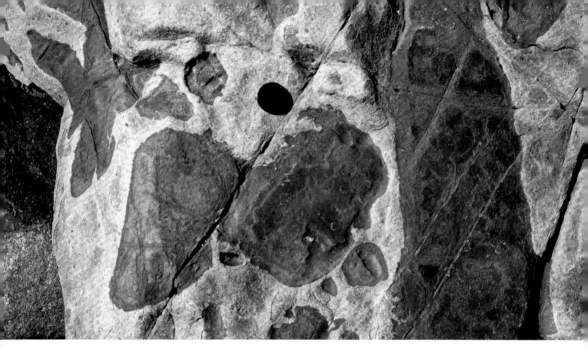

当岩浆与岩浆邂逅

在澳大利亚的图罗斯角，两种岩浆——浅色的花岗质岩浆和深色的辉长质岩浆（现在是细粒的辉绿岩）——在地下某处混合在一起，冷凝固结形成了上图中的岩石。

花岗岩和辉长岩（以及介于两者之间的岩石，被称为"闪长岩"）是我们了解认识岩浆岩的实用且美丽的入门材料。在地下深处，大量的岩浆经历缓慢冷却后，晶体会生长得很大，大到即使不用放大镜也可以看到它们（当然若有了放大镜，你会看到更多的细节）。当我们在城镇或市中心漫步，会看到许多的花岗岩，它们经过抛光打磨变得更加漂亮，也更容易被识别。

特写：
鉴别花岗岩和辉长岩

大多数的花岗岩富含二氧化硅，通常呈淡白色或鲜艳的颜色，仅由少数几种矿物组成。构成花岗岩的大部分是长石晶体，它们要么是无色的，要么是白色的（如富含钠和钙的斜长石），要么是引人注目的红色—粉红色（如含钾的正长石）。通常还含有相当数量的石英，石英也是一种典型的透明至无色的矿物，因此容易与斜长石混淆。

我们该如何区分斜长石和石英？这也是想成为地质学家的首要任务之一，因为这两种矿物是地球上最常见的矿物。观察花岗岩是学会区分它们的最佳方式。花岗岩中的长石通常是盒状的晶体，其断裂边缘显示出一种阶梯状的断裂模式。这是因为矿物破碎时倾向于沿着它的解理面（由矿物的内部分子排列模式决定）断裂。相比之下，石英就没有这样的矿物解理面，因此它会像玻璃那样沿着曲面断裂。另一个不同之处在于，长石在风化作用下容易发生缓慢的化学蚀变，然后看起来颜色更白，透明度更低；相比之下，抗风化能力更强的石英则显得灰暗。只要你仔细观察，就会发现它们的区别。

花岗岩通常还含有一些零散的深色矿物——常见的有云母（晶体形状像六边形，沿着内部解理面完美地分裂成无数薄片），或深色的角闪石或辉石。在花岗岩中还隐藏着少量的微小矿物，如锆石（这种矿物对地质学家来说非常有用，因为可以通过测量其中微量铀的放射性衰变量，来测定岩石的年龄）和磷灰石（一种含钙的磷酸盐矿物）。要看到这些矿物，我们通常需要借助显微镜。

与花岗岩相比，辉长岩是一类颜色更深且密度更大的岩石。它们同样含有大量的长石（通常是白色斜长石），极少或不含石英。与花岗岩的主要组成矿物不同，大部分辉长岩是由那些只在花岗岩中零星散布的深色矿物（如果有的话）组成的，也就是角闪石和辉石。但角闪石和辉石很难区分：角闪石为六面晶体，解理面在 120 度，而辉石晶体有八个面，解理面呈直角——这需要仔细的观察才能看到。

花岗岩和辉长岩有时会形成一些壮观的品种。花岗岩岩体可能包含伟晶岩脉，以及令人印象深刻的各种矿物的晶体。花岗岩和辉长岩都有环状的、圆形的和分层的晶体，就像岩浆冰雹。仅是仔细观察这两种岩石，你就能发现丰富多彩的世界。

地球上
最常见的矿物

长石（硅酸盐矿物）是地壳中最丰富的矿物，也是组成花岗岩和辉长岩的主要成分。

花岗岩类型

在这块花岗岩中（左图），我们可以看到长石（粉红色和白色）、石英（灰色）和深色云母（黑色）的大晶体。花岗岩（右图）则呈现出壮观的圆形环状结构。

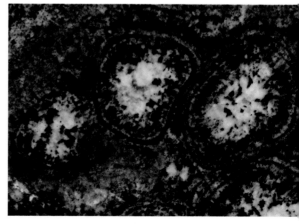

在岩浆上升到地球表面的过程中，它可以将岩石碎片（捕虏体）和矿物碎片（捕虏晶）从地下很深的地方分离并裹挟出来。这些捕虏体和捕虏晶是岩浆所经历旅程的见证者，其中一些代表了地球深处——那里可能是人类永远不会也无法到达或经历的地方。

地球
深处的碎片：
捕虏体

不过，在这些岩石碎片中有一些是严格意义上的"本地乘客"。在花岗岩岩浆房中，围岩上的碎片有时会脱落，并混入花岗岩混合物（一种由熔体和缓慢生长的晶体组成的黏性糊状物）中，这种捕虏体在大型花岗岩（深成岩）的边缘很常见。当围岩由一种与花岗岩的颜色差别很大的岩石（比如深色辉长岩或玄武岩）构成时，这些捕虏体就很容易被看到。例如，我们一眼就可以从建筑物外墙上抛光的花岗岩石板上看到它们。

一些捕虏体可以或多或少地保持完整，特别是当它们被困在一些相对较"冷"的花岗岩岩浆中，那里的温度可能不超过 500℃。但如果岩浆温度足够高，这些被卷入的岩石碎片就会熔化，从而成为岩浆的一部分。大量炙热的玄武质岩浆甚至可以熔化与之接触的大量地壳岩石。这些熔化的地壳岩石本身也变成了岩浆：它们比玄武岩富含更多的硅，可以继续演变成花岗岩。

岩浆岩起源于地下很深的地方，通常是在地壳深处或地幔中。但它们

花岗岩中的
辉长岩捕虏体

来自美国加利福尼亚州内华达山脉的黑色捕虏体被浅色花岗岩包围，花岗岩岩浆将其从基岩中的原始位置剥离。

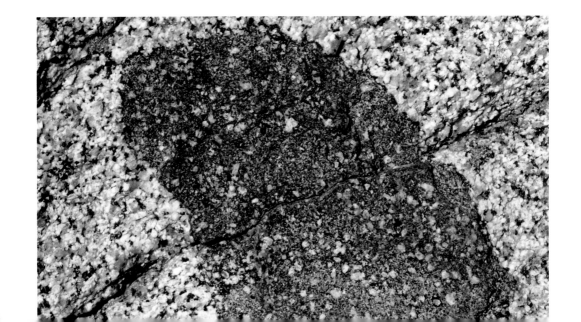

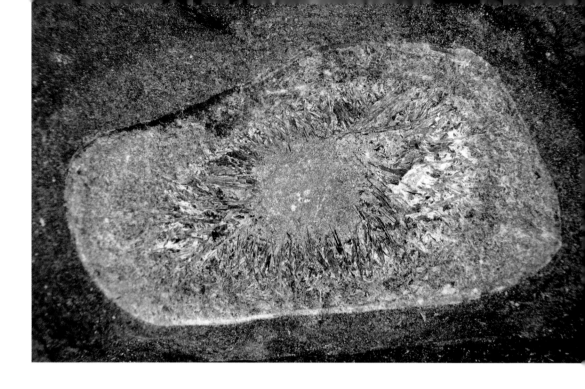

只是间接代表了那些深层岩石，只是其中最容易熔化的部分，所以其化学性质和矿物成分与地下深处的岩石是不同的。这些原始地幔岩石的碎片可以被岩浆带到地表，特别是在流体或者致密且（相对）快速移动的岩浆中，如玄武质岩浆。在这些黑色的岩石中可以发现一种美丽的绿色岩石：橄榄岩，它几乎完全由橄榄石矿物组成（其宝石形式被称为橄榄石）。橄榄石被认为是地幔上部的主要组成矿物之一。

蚀变捕虏体

这个引人注目的捕虏体，发现于加拿大安大略省古老的前寒武纪岩石中，可以看到其中的阳起石晶体呈放射状。它代表了由上升的岩浆捕虏的下地壳或地幔中一个严重蚀变的岩石碎片。

地幔捕虏体

这种橄榄岩捕虏体呈现美丽的绿色，表明它主要由橄榄石矿物组成：它是一块典型的地幔岩石，与周围的熔岩一起喷发到美国亚利桑那州的地表。

岩浆岩在自然景观中最引人注目的当数岩墙，岩浆沿着地壳中近乎垂直的裂缝上升，然后在其中固结。这些裂缝也许曾经是岩浆到达地表的通道，岩浆在此铺开四处流淌；裂缝也可能是死胡同，岩浆就停留在了地下深处。

岩浆注入：
岩床和岩墙

无论是哪种情况，通常都是地壳被构造外力拉伸的结果，像糕点被拉开一样碎裂开来。在岩石中，会出现无数条间隔紧密、近乎平行的裂缝充当岩浆通道。数百万年后，上覆岩石被侵蚀，这些由长期固结的岩浆组成的裂缝填充物——我们称之为"岩墙"——通常会形成多个岩墙群。这些岩墙可以在现在的陆地表面、基岩海岸和其他没有被土壤和植被覆盖的地方看到。

岩墙通常会形成壮观的地貌，尤其是在岩浆岩比岩浆所侵入的岩石更硬的地方（比如被侵入的可能是硬度相对较低的沉积岩）。由此形成的坚硬岩墙会很长，但通常只有一两米宽，看起来就像是人造的。在海滩上看到时，你可能会误以为它们是人工建造的防波堤。

仔细观察，岩石可以显示其历史的痕迹。在裂缝的边界附近，当岩浆碰到温度较低的围岩时，它通常会冷却得更快一些，因此其晶体可能没有岩脉中部的晶体大。逸出的热量可能明显地"烤熟"了邻近的岩石，形成了地质学家所说的"烘烤边"。在你观察到的地方，岩浆侵入时它有多深？如果你能看到岩浆岩中固结着微小的古老气泡，那么它一定是在地表附近，因为此时岩浆中的压力已经降低，足以让气体开始形成气泡。如果你没有看到气泡，那么它可能会更深。利用岩石可以玩很多这样的解谜游戏。

在某些地方，岩浆可能已经停止上升，然后开始在周围的岩体中横向扩散。这种情况通常发生在上覆岩石的密度比岩浆小时，此时，相比于岩浆的继续上升，上覆岩石更容易被推上去。如果岩石中存在近水平的薄弱面（如厚沉积岩层之间的平面），也会促进岩浆的这种行为。由此产生的大量岩浆岩形成岩床，也可形成悬崖和高原等壮观的地貌（尤其是当岩浆在冷却和凝固时收缩），形成一种被称为"柱状节理"的断裂构造，看起来就像巨大的天然风琴管。

岩床

苏格兰爱丁堡的一处壮观的岩床，是玄武质岩浆侵入地下近水平地层时形成的。现在看到的玄武岩具有发育良好的柱状节理。

岩墙

这里的黑色玄武岩呈现为岩墙，代表了沿着近垂直裂缝流动的玄武质岩浆。它和被侵入的浅色岩石形成了鲜明的对比。（左页图）

岩浆从地球表面喷出的过程可以平静无声地进行，旁观者可以站在适当的距离外，安全地欣赏这一奇观；也可以迅速而猛烈地冲出地表，千里之外的人都可能不安全。以哪种形式喷发出地表，这在很大程度上取决于岩浆的种类。

岩浆到达地表：
火山爆发

如果岩浆的流动性较强，溶解在其中的大部分气体便会随着岩浆的上升而逸出。大多数玄武岩浆都是这样，它们的二氧化硅含量相对较低，而富含铁和镁。当这些岩浆突破地表时，大部分都会发生脱气作用，以熔岩的形式涌出——起初它们是炽热的，很快就会冷却、固化、颜色变深。这就是你经常在自然纪录片中看到的那种火山喷发。这种熔岩流会破坏财产，但通常不会对人类造成生命危险——尽管火山气体可能有毒。

然而，富含二氧化硅的岩浆是黏性的（因为二氧化硅分子在其中发生了聚合），这意味着它流动性较差，并将气体困在其中。这些气体会使岩浆变成黏性的、快速膨胀的岩浆泡沫，一旦突破地表，就会爆炸性地破碎，产生剧烈的火山喷发，这种喷发本质上是一种强烈的爆炸，喷发过程可以持续数小时，直到岩浆的供应耗尽。破碎的岩浆泡沫迅速硬化成浮石，其中大部分被粉碎成火山灰，并被向上翻腾的气体带到高空中。这就是灾难性的火山爆发，一次就可以摧毁整个地区。在这样的火山爆发中，大量的火山灰和岩石碎片从天而降，周围会陷入一片漆黑。

如果你特别不走运，你可能会发现自己身处一条由热气、浮石和岩石组成的湍流混合物的通道上，这些混合物密度特别大，无法升上天空，而是像锅里沸腾的牛奶一样从火山口倾泻而出，飞快地流向低洼地带。这些就是可怕的火山碎屑流，又被称为"燃烧的云"，对它们接触到的所有东西都是致命的。

如果岩浆的脱气作用足够彻底，非常黏稠的熔岩也会产生一个不那么灾难性的结果——熔岩会以近乎凝固的形式从火山口挤出，形成一个可能有几百米高且坚固的熔岩尖顶。不过，这种巨大的岩石柱很快就会在重力作用下坍塌，雪崩般的碎片会沿着火山的外侧崩塌下来。

一次小型火山喷发

夏威夷基拉韦厄火山口喷发时喷出的流动玄武质熔岩。

火山活动的类型

这些图表概括了地球上不同类型的火山活动（不按比例）。

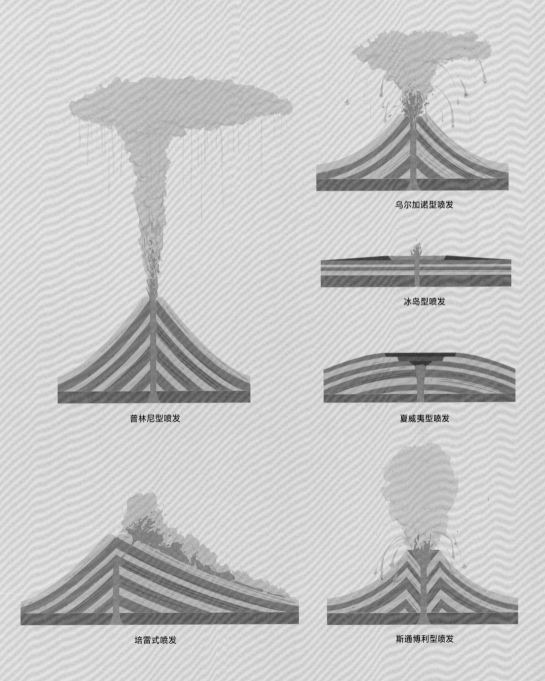

乌尔加诺型喷发

冰岛型喷发

夏威夷型喷发

普林尼型喷发

培雷式喷发

斯通博利型喷发

火山的种类繁多。有些火山小巧玲珑，小到几乎可以把它们放进后花园。有些火山大到足以成为世界上最高的山脉（要从海底测量，因为火山的底部在那里），上面往往点缀着较小的火山。其他有些火山只是碎石堆。有些最致命的火山毫不起眼，看起来就像地面上的凹陷。

喷发的多样性：火山的类型

最简单、最小、最常见的火山被称为"火山渣锥"（又称碎屑锥或"斯通博利锥"）。它们可能只有几十米高，直径只有几百米；其中有些火山只喷发了一次，持续时间从几个月到数年。火山渣是多泡的玄武质岩浆块，其中包含的气体足以引发多次小规模喷发，可以将这些颗粒喷射到空气中并使其落在附近，形成一个陡峭的圆锥体。

世界上最大的活火山是夏威夷岛链上的冒纳罗亚火山[1]。这是一座盾状火山，非常宽阔，坡度平缓（有些部分甚至平缓得几乎看不出来），但它的底部位于海平面以下5千米处，顶部在海平面以上4千米。它主要由许多的玄武质熔岩流组成（也点缀着火山渣锥）。

"经典的"火山，如日本的富士山，通常由富含硅的岩浆构成，其喷发出的火山灰和熔岩形成了巨大而陡峭的锥体。然而，这些巨大而陡峭的破碎岩石和松散的火山灰，仍处于容易发生地震和进一步喷发的地带。它们迟早会在巨大的山崩中坍塌下来，形成遍布整个地貌的碎石堆。特别是在许多岛屿火山上，巨大的"咬痕"似乎已经从其轮廓中消失，其中一部分坍塌到海里，经常引发海啸（由此产生的海底崩塌沉积物所覆盖的面积可能比火山本身更大）。

在最猛烈的灾难性火山喷发中，一座火山的大部分或全部都可能会被摧毁——被炸到空中或坍塌。在这种超级喷发中（如史前时期黄石公园的火山喷发），由几千立方千米岩浆组成的整个岩浆房全都爆炸性地喷发出来，并以火山灰层的形式蔓延到广阔的地域。当岩浆喷出之后，其上方的地面就会塌陷，形成一个直径数十千米的凹陷，凹陷内侧往往是悬崖峭壁。在随后的几个世纪里，这些火山口经常充满水，形成一个看起来很平静的湖泊——直到下一次超级火山爆发。幸运的是，这种情况很少发生，至少在人类历史上还没有发生过像黄石公园那样大规模的火山爆发。但这种情况迟早会发生。

经典的火山

日本的富士山火山具有典型的圆锥形，顶部有一个火山口。图片底部的山坡上有一个椭圆形疤痕暗示了它的最终命运：这是一个小的滑坡遗迹，提醒着人们这些陡峭的熔岩和火山灰堆的不稳定性。

微型火山

夏威夷岛上的一种小型火山渣锥。它的侧面由几层空气冷却的泡沫状熔岩碎片（火山渣）组成，在火山爆发时，这些熔岩碎片从侧面倾泻而下。岩屑碎片在空中的运动轨迹则会形成复杂而扭曲的形状。（左页图）

---

1 夏威夷海岛上的一个盾状活火山，是地球上最活跃的火山之一。它的海拔为4170米，是夏威夷的最高峰。

当岩浆凝固时，它有时会保持流动的"液体"外观。当液态熔岩（通常是玄武岩熔岩）冷却并凝固时，就会发生这种情况。这个凝固的表面由于受到下面流动的液态熔岩的影响，经常发生折叠和扭曲，就像不小心折叠的绳子一样。事实上，它通常被称为"绳状熔岩"，古老熔岩体内"绳状"弯曲和折叠的形态可以揭示熔岩的流动方向。

枕状和绳状：
熔岩流

这种熔岩的前端可以缓慢而平静地前进，因此人们可以小心地靠近并观察这一过程。固结的熔岩前端可能会短暂地呈现出几乎静止的状态，但时不时就会有炽热的岩浆冲破冷却的表面，形成一个管状突起，然后迅速冷却变暗，接着下一个岩浆就会从旁边喷出。整个熔岩就这样通过无数细小的突起向前蔓延，形成所谓的"绳状熔岩"（pahoehoe lava，其中pahoehoe 为夏威夷语，因为这种熔岩在夏威夷群岛上很常见）。

在水下喷发的玄武岩熔岩通常会形成类似的结构（在水中而不是在空气中冷却），从而产生所谓的"枕状熔岩"：这些熔岩突起看起来就像一大堆岩石枕头叠在一起（实际上，它们通常更像管状而不是枕状）。大部分洋底都是这样形成的，这个过程可以（借助潜水器）在新地壳正在形成的大洋中脊处观察到。不过，在远离大洋中脊的较老洋底处，这些枕状玄武岩会被沉积物掩埋。

然而，许多熔岩看起来更像是一堆厚厚的棱角分明、参差不齐的碎石。这种熔岩流形成于岩浆黏度较高的地方，岩浆将冷却的外壳分解成大块，然后这些大块被下面仍在流动的岩浆缓慢地搬运或推动。这种熔岩流看起来就像一堆碎石和巨石，侧面和正面都很陡峭：岩块仿佛被一个巨大的推土机缓慢地向前推进，熔岩让它的体积不断变大，岩块之间相互翻滚，隆隆作响。这种熔岩被称为"渣状熔岩"（a'a lava）和"块状熔岩"。走在这种熔岩的新鲜表面上非常危险——很容易脚踝骨折或是腿被夹在石块之间。最好保持一定距离欣赏！

绳状熔岩

这种熔岩的冷却表面，具有典型的"绳状"结构。保存下来的"绳索"图案表明，下层的液态熔岩是从右向左流动的。（右页上图）

正在形成的渣状熔岩

炽热的液态熔岩携带着无数锯齿状的块体——由熔岩顶部的不断固结和破碎形成，这是渣状熔岩流的特征。（右页下图）

世界上有一些非常奇特的自然景观是由大量的玄武岩熔岩流形成的，这些玄武岩一层一层地堆积起来，最终堆积成几千米厚的块体，覆盖面积可达数千平方千米。经过数百万年的侵蚀作用，形成的景观通常呈现出阶梯式的外观，每个巨大的"台阶"可能都有10米或数百米厚，都是单个熔岩受到侵蚀后的边缘。

时间陷阱：
巨大的熔岩景观

在世界许多玄武岩岩浆冲出地表的地方都可以看到这样的景观（曾经被称为暗色岩）。印度的德干高原地区和美国的哥伦比亚河附近都有很好的例子。当熔岩显示出漂亮的规则柱状节理时，地形会变得更加壮观，比如北爱尔兰安特里姆的巨人堤。

在这些令人印象深刻的景观中，有一些暗藏着灰暗的地质历史。如西伯利亚暗色岩就是一个典型的例子，它们代表了 2.5 亿年前发生的一次非同寻常的岩浆喷发事件。当时，一股上升的地幔柱[1]撞击了当时西伯

利亚的地壳，产生了巨大的岩浆脉冲。在此后大约 200 万年的时间里，导致了约 400 万立方千米的玄武岩岩浆一股接一股地涌出。目前可以肯定的是，岩浆喷发所释放的火山气体引发了一场重大的全球变暖事件，导致了海洋的酸化和脱氧，并散发了大量的毒素。据信，这一事件导致地球上约 95% 的动植物物种灭绝，也是地球有史以来最大规模的灭绝事件。在地球历史的不同时期，其他的玄武岩喷发事件也与重大的环境变化有关。

最后，这种极其厚而广泛的熔岩流曾被称为"泛流玄武岩"，地质学家设想它们会以炽热且快速的洪流形态倾泻而出，几乎瞬间将地表淹没。后来，地质学家更仔细地观察了现代的熔岩流，发现其中许多熔岩流只是缓慢地向前爬行，例如绳状熔岩。在缓慢前进的前端熔岩流后方，可以看到其顶部结壳凝固并慢慢地向上移动，就像是被顶起来一样。这是内部流动的熔岩流在发挥作用，使整个流体膨胀，就像气球一样（只是充满了熔岩，而不是空气）。事实上，这种缓慢而温和的过程现在被称为熔岩的"膨胀"，世界上大部分的"泛流玄武岩"很可能就是由它造成的。然而，这并不能减少玄武岩大量喷发所带来的危险。

熔岩喷涌

冰岛法格拉达尔山的这座活火山在喷出熔岩的同时，还释放出有毒气体，包括硫、氟、氯的化合物以及二氧化碳。当火山大规模喷发时，这些气体会对环境造成严重影响。

玄武岩建造

这种玄武岩熔岩（其中一些具有特征性的柱状节理）的连续变化，经过多次重复，形成了地球上最大的熔岩喷发而成的暗色岩。（左页图）

---

1 一种热物质从地幔深处上升至地壳的现象，通常与火山活动和地壳运动有关。

那些更具爆炸性和灾难性的火山爆发，通常与更硬的、二氧化硅含量更高的岩浆有关。大部分的喷出物会凝结形成浮石，这些浮石与火山解体时产生的岩石碎片一起，以火山灰的形式被带到高空（高达20千米或更高），从而进入平流层。单靠火山的爆炸力，火山灰是无法达到这个高度的。这种类似"弹道"推进的过程只能将火山灰碎片射到一千米左右的高空。

火山沉积：
火山灰层

火山这一巨大的热力发动机为火山灰上升提供了额外的能量，它在喷发时产生了一团过热的物质云——即使其中含有浮石和岩石碎片，其密度也可能低于冷空气，因此喷发柱会以深色的、波浪状的、湍急的上升气流向上升起。当它到达一定高度的大气层时，周围的空气非常稀薄，无法再上升，喷发柱就会向侧面展开，形成巨大的蘑菇云。浮石和岩石碎片从这团云中下降 20 千米左右到达地面，此时的地面就像铺上了一层白色的浮石，而深色的岩石碎片则点缀其间，就像蛋糕中的葡萄干。

在世界上大多数危险的爆炸性火山周围，都可以看到这种浅色的火山灰层。它们有着独特的外观。浮石碎片经过长途跋涉升上天空，然后沿着不断扩散的喷发云降落到地面上，且被分选得非常好，就好像它们经过了某种巨大的工业筛子一样，火山口附近的岩石碎片由于密度较大，所以体积较小。真正的大喷发所产生的沉积物会铺满火山附近的整片区域，厚度可达几米：它们会掩埋树木、房屋和汽车。这种单一沉积物的喷发会出现分层现象，有一些较细的沉积层和一些较粗的沉积层，可以用来追踪喷发的历史，因为喷发会在几个小时或几天内有强弱变化。同一沉积层可以沿着远离火山的地面延伸：它逐渐变薄，其中的岩石和浮石碎片也逐渐变小——但它仍然保持着同样的层状结构，只是在更精细的尺度上反映出那次火山喷发的历史。这有点像指纹，可以将"火山灰层"与同一座火山的其他喷发层区分开来，每一次火山喷发都有自己独特的内部分层模式。火山地质学家通过这种细致的研究可以重建火山喷发的历史，从而帮助辨别火山喷发对周围居民的危害。

火山灰沉积

这些位于西班牙特内里费岛的分选精美、棱角分明的浮石碎片，从喷发柱顶部的蘑菇云层中下降 20 千米，是一次典型的大型爆炸性喷发之后的火山灰沉积。除了图中这些浮石碎片，此次喷发还有一些颜色更深、密度更大的火山岩碎片。（左页图）

普林尼型喷发

这种爆炸性喷发被称为"普林尼型"，以罗马历史学家小普林尼的名字命名，他曾描述了公元 79 年意大利维苏威火山的爆发。火山释放的巨大热量使喷发柱变得极高。

当火山喷发结束时，岩浆房被清空，火山的大部分上层结构会坍塌到剩下的洞穴中，形成一个破火山口。

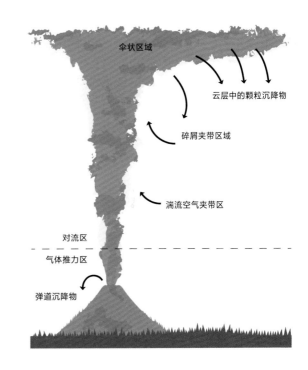

伞状区域

云层中的颗粒沉降物

碎屑夹带区域

湍流空气夹带区

对流区

气体推力区

弹道沉降物

1902年，加勒比海马提尼克岛上曾经熙熙攘攘的圣皮埃尔镇发生了悲惨的培雷火山喷发，之后人们意识到，巨大的爆炸性火山喷发产生的火山灰并不总是上升到高空，然后落回地面。培雷火山的喷发柱密度太大，无法向上喷射，只能从火山中喷出一团紧贴地面的汹涌的热气、浮石和岩石碎片。这股致命的泄流以特快列车的速度冲下山坡，淹没了圣皮埃尔镇，摧毁了这里的许多建筑，除两人外的约3万名居民全部丧生。

火山沉积：
火山碎屑层

那次席卷马提尼克岛的火山喷发现在通常被称为火山碎屑流。火山碎屑流是许多爆炸性喷发的常见组成部分，其留下的"火山碎屑层"（又叫熔结凝灰岩）已经被世界各地的地质学家在活火山和死火山周围发现。它们也被称为"火山灰飓风"，是一种非常危险的喷发形式。不过，火山地质学家现在了解了它们是如何形成和传播的，这有助于火山易发地区更好地应对这些危险。

**火山碎屑流
造成的破坏**

1902 年加勒比海马提尼克岛圣皮埃尔的培雷火山（左图）和 2010 年印度尼西亚爪哇岛的默拉皮火山（右图）造成的破坏。在这两个案例中，火山碎屑流通过后，几乎没有火山灰残留。

火山碎屑层与前文提到的粒度分明的火山灰层截然不同。在火山碎屑层中，当灼热的火山碎屑流沿着地面快速移动时，未分类的细灰、浮石和岩石组成的混合物迅速从底部倾泻而出。其中一些岩块可能非常大——大到令人印象深刻，被密集的高速气流携带或拖拽，一起沿着地面移动。这里的浮石碎片与火山灰层中的棱角分明的浮石不同，它们通常在炽热的漩涡气流中剧烈碰撞而变成圆球形。此外，火山灰层会均匀地覆盖着低处和

西班牙特内里费岛熔结凝灰岩沉积

这个巨大的熔结凝灰岩沉积物填满了一个山谷，山谷中有一层薄薄的火山灰沉积物，沉积在早期的熔结凝灰岩（淡奶油色）上。

熔结凝灰岩的特写

如图所示，熔结凝灰岩是典型的分选较差的细灰块，并伴有岩石和浮石碎片，与分选精美的火山灰层形成鲜明对比（见第58—59页）。

高处的地面，而火山碎屑层则不同，它们堆积在山谷中，厚度可达数百米——它们通常不会覆盖较高的地面，因为密集的火山碎屑流会沿着火山周围地形的最低处流动。

　　火山碎屑流在沉积时可能会非常热，而整个沉积物在自身重量的作用下会向下压缩，以至于火山碎屑颗粒会熔合在一起，从而形成了熔结凝灰岩。在这种岩石中，细小的火山灰颗粒构成的浮石气泡碎片被压扁压实在一起，而大块的浮石碎片则被压扁成条纹状（地质学家称其为火焰石，源自意大利语中的"火焰"一词，因其形状而得名）。在一些熔结凝灰岩中，这一过程会使岩石重新熔化，看起来与熔岩非常相似。在这样的火山爆发之后，地表像是被用火山玻璃涂上了一层瓷釉。

对许多人来说，钻石是永恒且珍贵的象征。这听上去似乎颇有道理，因为它们是地球上最坚硬、最不可压缩的天然矿物，同时也是热量和声波的最佳导体。它们起源于地球深处，一直向上，直到爆炸喷发到地表，这个过程堪称一场地质大戏。

钻石火山：
金伯利岩

钻石形成于地表以下数百千米的深处，有些甚至深至地下 1000 千米处的下地幔。钻石的原材料是一种非常常见的碳，比如由俯冲构造板块携带下来的黑色泥岩中的有机物。在这样的深度下，碳被压缩和加热，这样的过程持续了相当长的地质时间（许多钻石已有数十亿年的历史），从而形成了钻石晶体的坚固的笼状分子结构。

之后，这些钻石就得想方设法到达地表。到达地表的主要动力来源很可能是二氧化碳气体（与制造钻石本身的碳来源相同）和过热水。当这种推进的动力积累得足够多，它们就开始向上钻过坚硬的地幔岩石，此时的速度也许会和人类跑步的速度一样快，同时携带团状的地幔岩石和碎片（其中包括钻石晶体）。当它们接近地表时，这种具有爆炸性的混合物可以加速到喷气式飞机的飞行速度，在地壳上凿出一个直径可达一千米或更大的管状洞，并以金伯利岩喷发的形式喷射到高空中。

金伯利岩的喷发令人望而生畏，但在有记录的人类历史上却从未发生过——大多数发生在数千万或数亿年前。喷发结束后剩下的是穿过地壳的金伯利岩管道，里面充满了从地球深处带上来的岩石和矿物碎片，其中就包括钻石。这种火成岩混合物中的大部分早已风化变质，形成了一种蓝色黏土，其中就蕴藏着人们热切追求的坚不可摧的钻石。露天开采钻石矿会形成一种令人震撼的深圆形矿井，比如南非金伯利的矿井。

钻石是探索地球内部奥秘的钥匙，其深度是人类难以企及的。当钻石

巨大的钻石块

世界上最大的钻石"库里南钻石"[1]，它被切割成 9 颗大钻石及 96 颗小钻石。

结晶时，它们可以将周围生长的其他矿物的微小碎片包裹在里面，在到达地表的漫长旅程中，钻石坚固的晶体结构一直可以保护它们。在巴西发现的一颗钻石（形成于地下约 500 千米）中就含有一种名为林伍德石（ringwoodite）的矿物小颗粒，经研究发现该矿物的结构中含有水。由此推测，地球内部的含水量至少相当于一个海洋。2021 年，人们在博茨瓦纳发现了另一颗来自地下更深处的钻石，它里面含有一种新的高压矿物，被命名为毛钙硅石（davemaoite）[2]：然而一旦通过激光将其从钻石晶体中释放出来，它只存活了一秒钟，随即膨胀并转变为玻璃。钻石可能是永恒的，但其中的一些矿物却只有在钻石的保护下才能保存下来。

金伯利岩管的残留

1957 年至 2004 年，俄罗斯雅库特米尔金伯利岩管开采后遗留的矿井，深 525 米，直径 1200 米。

---

1 cullinan，是世界上目前发现的最大的宝石级金刚石，重量为 3024.75 克拉，产自南非阿扎尼亚的普列米尔矿山。

2 毛钙硅石的化学成分为 $CaSiO_3$，它形成于距离地表 670 千米以下的下地幔。

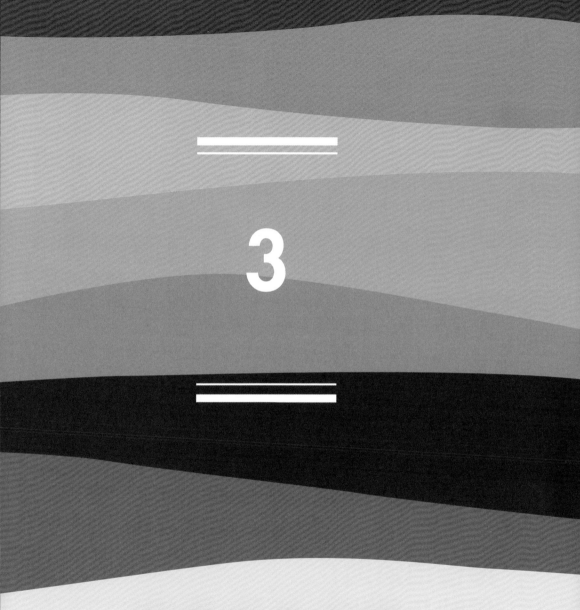

3

沉积岩和化石
SEDIMENTARY ROCKS AND FOSSILS

山体滑坡的痕迹

这条山间溪流切割了邻近的陡坡，形成了小型山体滑坡，河水正在冲刷沉积物碎屑并将其带向大海。（左图）

岩石风化

这座 14 世纪的雕像位于英格兰东部的克罗兰，据说是艾特尔鲍尔德国王的雕像，化学风化已经抹去了雕像上的细节特征。（右图）

风和天气一直在缓慢地改造地球的地貌，我们很容易将这种现象看作是理所当然——人们可能会认为，这正是世事无常的一种象征。但是，当我们凝望其他行星，就能看到几乎永恒不变的地貌。例如月球，晴朗夜空中看到的明亮区域是月球高地，它仍然保留着四十亿年前被陨石撞击破碎的痕迹；而月球上的"月海"则是二十到三十亿年前溢出到月球表面的熔岩流。地球——一个持续衰变的星球，是个不同寻常的天体，但正是这种衰变导致了地球上岩石的不断更新。

缓慢地消逝：
侵蚀与风化

地球上的岩石一直都在遭受着物理和化学破坏。岩石受到的物理破坏有多种形式。有时仅重力作用就会对不稳定的岩体产生影响。那些由大量熔岩和火山灰堆积而成的火山高高耸立，本质上就不稳定，所以很容易坍塌（见第 53 页）。同样的过程也可以发生在更大的范围内，比如板块之间的相互挤压，会将山脉抬升至海拔数千米的高度。最壮观也最致命的破坏形式是山体滑坡。1963 年 10 月 9 日，意大利隆加罗内发生山体滑坡，导致 0.25 立方千米的岩石碎屑坠入下方的水库，洪水席卷大坝，造成了 2000 人死亡。古代的一些例子可能影响更大：在美国俄勒冈州博纳维尔发生的一次山体滑坡，导致 14 立方千米的岩石碎屑冲入哥伦比亚河，将河流阻断，形成一座天然的大坝——"众神之桥"。

如今，哥伦比亚河已经冲毁了这个天然大坝的大部分，而世界各地的每一条河流同样也在刻蚀着山谷和峡谷。风暴浪从数千平方千米的海洋表面汇集风能，并将其释放到海岸线上，磨蚀沿岸基岩，形成了悬崖峭壁（即海蚀崖）。在沙漠里，风裹挟着砂砾从岩石表面刮擦而过，慢慢地磨蚀它们。而在冰雪地貌中，冰川则会磨蚀下面的岩石。

伴随着这种大规模的物理破坏，化学风化也在发生，使岩石破碎。水是至关重要的溶剂，碳酸（来自大气中的二氧化碳）和腐殖酸（来自腐烂的植物）强化了水的溶解作用。许多矿物——尤其是那些在高温下形成的火成岩中的矿物，受到地球表面寒冷、潮湿和腐蚀性条件的影响，它们的分子框架逐渐被分解。这种岩石风化的迹象随处可见：当你走在一个村庄或城市中心，会看到建筑物上的石板发生碎裂；穿过教堂墓地时，也能看到古老墓碑上的文字在岁月中逐渐消失。

在这种化学侵蚀下，橄榄石、长石等高温火成矿物会变成在地球表面更加稳定的矿物，例如黏土矿物。它们的一些化学成分会溶解于雨水或河水，最终以离子形式流入海洋，使海水变咸。一些矿物，如石英，可以抵抗化学侵蚀，以颗粒的形式从岩石上释放出来，作为沉积物被河水带走。所有的这些成分构成了下一代的沉积岩。

海岸侵蚀

海岸受到的侵蚀作用主要来源于海浪在广阔海洋上聚集的风能，这种侵蚀可以从壮观的、不断后退的悬崖看出来。悬崖下面的海滩沙就是在持续的海浪作用下，经历了冲刷和分选的不断变化的碎屑的一部分。

熔岩洞穴

这个位于夏威夷的"熔岩管道"是熔岩流从快速硬化的熔岩外壳下流出后留下的空间。

洞穴

    对于许多人来说，洞穴让人联想到我们远古祖先的生活和地下世界的传说。事实上，洞穴为我们提供了一个独特而直接的通往地下世界的通道，没有它们，我们难以进入地下世界。实际上，与儒勒·凡尔纳[1]的经典小说《地心游记》相反，我们无法到达地球的中心，也不能接近它附近的任何地方——因为在那么深的地方，极端压力会把人压扁。但是在到达这些深度之前，洞穴可以向我们讲述很多故事。

    有些洞穴是岩石的原始特征。例如，古老熔岩流有时会形成熔岩管道，这是流动性强的熔岩流形成的一个坚固外壳：一旦熔岩流出，就会留下一条几米宽、很可能长达数十千米的通道。这种通道的内侧可能显示水平状的"冲刷痕迹"，这是流动岩浆不断下降的水平面造成的。此外，"熔岩柱"可以悬垂在熔岩管道的顶部。一旦冷却，这种管道可以成为人类和其他动物的居住地。

    大多数洞穴是由流水形成的，流水慢慢溶解岩石并形成地下空间。这里涉及的主要岩石类型是可以被天然的酸性雨水溶解的石灰岩。最初，渗漏水会扩大岩石上的裂缝和裂隙，随着溶解继续进行，最终形成复杂的洞穴系统。这种地貌被称为喀斯特（也称岩溶地貌），其特点是地表的灰岩水平面[2]往往以较宽的节理缝呈现出纵横交错的图案。喀斯特地貌的洞穴系统可能非常庞大，当这些洞穴顶部最终坍塌时，便会形成陡峭的峡谷。

    在石灰岩洞穴中发生的不仅仅是化学溶解。水从石灰岩中分解并携带的一些碳酸钙，可以在洞穴中重新沉淀为洞穴碳酸钙沉积物[3]，例如钟乳石和石笋（见第69页）。这不仅造就了壮丽的地下景观，还可以在它们跨越几千年的生长过程中，成为地表变化甚至气候变化的岩石见证。这是因为，洞穴中的矿物已经在其结构中记录下了地表环境变化的化学线索，而正是形成上述矿物的渗漏水将这些线索日复一日地从地表传递到了地下。

    早在人类在地球上出现之前，洞穴就已经为各种生命提供了庇护所。

已发现的古老洞穴系统可以追溯到几百万年前，洞中有丰富的动物化石遗骸。在冰河时代的洞穴中，人们发现了熊和鬣狗的骨骼化石，以及人类祖先的遗骸。此外，祖先留下的洞穴壁画也让我们可以窥见他们是如何看待周围世界的。

当然，并不是只有石灰岩可以形成喀斯特地貌。岩石形式的石膏更容易溶解，地下石膏层也可能包含洞穴系统。由于石膏岩很软，石膏洞穴系统中的许多已经坍塌，形成了混乱的"破碎地层"。

---

1 Jules Vernes，19 世纪法国小说家、剧作家及诗人。
2 limestone pavement，即石灰岩路面，是一种类似于人工路面的天然喀斯特地貌，因为纵横交错的深沟切割了裸露而平坦的石灰岩形成了类似于铺路砖的独特表面图案。
3 含有二氧化碳的水渗入灰岩的裂缝，与碳酸钙反应生成可溶于水的碳酸氢钙，溶有碳酸氢钙的水从洞顶上滴下来时，分解反应生成碳酸钙、二氧化碳、水。

洞穴的复杂性

复杂的溶解和沉积模式决定着洞穴的迷宫结构。

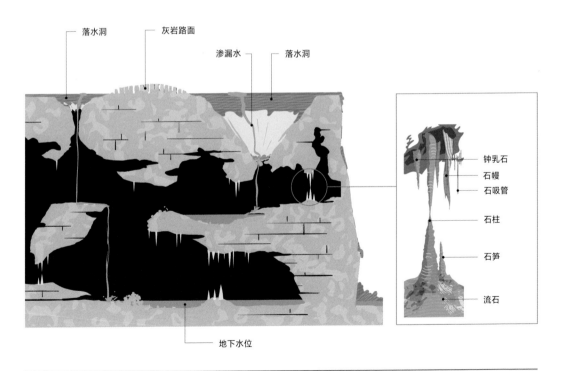

地球上，地貌在不断变化，不断重塑自身。在人类的时间尺度上，我们周围的山丘可能看似永恒不变，但实际上却在不断遭受侵蚀。从山体上风化而来的大部分沉积物，首先形成了覆盖岩石的土壤。在重力作用下，这些土壤慢慢向下移动，雨水冲刷土壤表面、动物在土壤中掘穴，这些都有助于土壤的移动。

从河流到海洋：无穷无尽的沉积物输送带

最终，沉积物进入河流。河流不仅是流水的通道，也是砾石、沙子和泥浆的通道，它们在河道的底部和两侧形成了一条移动的"地毯"。不同种类和大小的沉积物便是从这里开启了一段漫长的分选历程。大部分泥浆会随着悬浮在流水中的细粒黏土片稳定地流动。砾石[1]则主要停留在河道底部，即便那里水流最强，大多数砾石也不会移动，因为它们太重了，正常的河水无法搬动它们。只有在河流泛滥的时候，才有足够的水动力将砾石冲向下游，直到洪水消退，砾石才会沿着河道在更远的地方停留

不可阻挡的重力

尽管周围的地貌可能看起来每天都很稳定，但只要有斜坡，下面的土壤和岩石就会在重力作用下不断地缓慢移动。这张图展示了在地貌形成过程中的一些重力作用的痕迹。

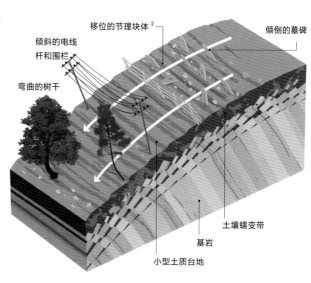

移位的节理块体[2]

倾倒的墓碑

倾斜的电线杆和围栏

弯曲的树干

土壤蠕变带

基岩

小型土质台地

沉积岩和化石

下来。对沙粒而言，它们通过在河床上滚动或者沿河床弹跳，从泥浆和砾石中分离出来。当它们在河流弯道内侧间歇性地停下，堆积成弯曲的沙洲。随着河道的缓慢变迁，沙洲的位置也会改变。

每种沉积物以不同的速度沿着不同的路径移动，除了自然分选成不同等级，沉积物颗粒本身也会随着移动而改变。这一点在砾石上体现得最为明显。它们在急速的运动中不断地相互碰撞，砾石锋利的边缘被磨圆。当被水流冲刷时，砾石通常堆积起来，像一副纸牌重叠在一起。较大的砾石也许会卡在河床里，较小的细砾会堆积在后面。沙粒在河流中也会变得更加圆润，不过因为它们更小，碰撞能量更低，所以这个磨圆的过程会更慢。黏土片在微观层面也可以发生变化，它们时而因静电聚集在一起，时而分散开去，有时也会从水中吸收或释放不同的化学物质。

当河流入海时，沉积物如果积聚形成大型三角洲，它们的旅程就会停止。或者，沉积物会继续沿着海岸、海滩和沙嘴到达那些会发生波浪运动的地方，在那里波浪会不断地对砾石与沙粒进行分选和磨圆。沉积物也可能继续移动，被风暴浪和潮汐冲入浅海；又或者在重力推动下进入深海。在以上这些地方，沉积物都会堆积起来，这便是新岩层的开始。

未来的岩层如今正在哪里形成？多数情况下我们看不到，因为它们很

一条曲流河

河道的位置不断变化——有时分叉，有时裁弯取直，留下 U 形的废弃河段形成牛轭湖。河流所携带的沉积物随着河道的迁移留下了无数弯曲的沙洲。

---

1 砾石可以根据粒径大小分为细砾、中砾、粗砾、巨砾，细砾直径为 2~4 毫米，中砾直径为 4~64 毫米，粗砾直径为 64~256 毫米，巨砾直径则大于 256 毫米。
2 joint blocks, 指由两组及以上节理切割岩石所形成的岩块。此处"移位的节理块体"指由于重力作用，这些岩块发生了移动。

三角洲沉积

上图为密西西比河三角洲的一部分，它的面积随着美国内陆沉积物在三角洲上的河道内及周围积聚而增长。在三角洲外围可以看到白色细粒悬浮沉积物羽流，这种沉积物将漂得更远，沉降在更深的水中。

消失许久的河道

这些具有 3 亿年历史的地层位于加拿大新斯科舍省，显示出一条保存在砂岩中的古河道。

多发生在海底，一个我们难以到达的地方。但在现今的某些地貌中，我们可以开始看到这些过程是如何进行的。

在一条河流里，人们可以看到被冲到岸上的沙粒，或者透过流水看到河道里的卵石。但这些只是现代河流地层的微小样本。要想了解它的完整图景，人们需要横穿整个低洼的洪泛平原进行查看，对于一条大河而言，这样的平原可能有几千米宽。由于河流在过去几千年里不断改变自己的位置，在平坦的洪泛平原表面下，可能存在着数米厚的河流沉积物。

从地质历史来看，这些现代地层存留时间可能相当短暂。在未来的几千年里，河流很可能再次将这些沉积物侵蚀殆尽，并将其带入大海。或者，这些地层会被保存、埋藏，进而变成坚硬的岩石，并在未来数百万年里成为今天这条河流的见证——就像今天的地质学家可以找到漂亮的古代河流沉积物样本那样，其中一些甚至有几十亿年的历史。未来到底会发生哪种情况，取决于现在河流之下的地壳如何活动。

如果地壳在构造上缓慢上升（就像今天大多数山区那样），那么它表面上的一切（包括最近形成的河流沉积物）都将不可避免地会被侵蚀掉，然后被带向海洋。如果地壳正在缓慢下沉，这些河流沉积物可能会被更多的沉积物（包括其自身）所掩埋，从而形成厚厚的地层。

沉积岩和化石

河流之旅

　　一条河流将水与沉积物从它的发源地带向海洋。这一路上，河流的特征也不断变化，在每一段它都有自己独特的侵蚀和沉积模式。

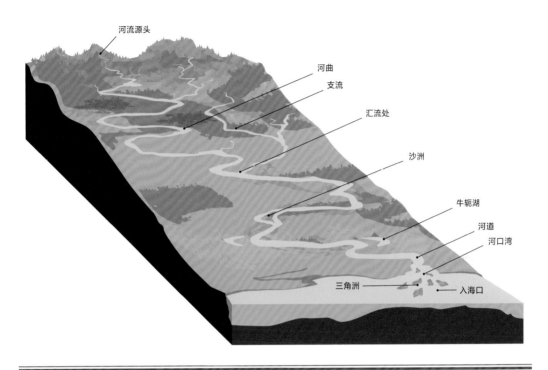

　　这类构造沉降区就是地球上的主要"地层工厂"，而且由于地球构造运动活跃，它已经在其漫长的历史中积累了巨厚的地层。因此，从本质上来讲，地球确实是一个地层行星。

　　一些最大的现代"地层工厂"就位于大型河流倾泻巨量较重沉积物的地方，这些地方的地壳已经在下沉。正是这些沉积物带来的额外重量，使得地壳进一步下沉。在美国，密西西比河在新奥尔良注入墨西哥湾。在那里，沉积了数百万年的沉积物形成了密西西比三角洲，三角洲在其自身重力的作用下持续下沉。在新奥尔良的街道下面，仅过去一万年间积累的沉积层就达到 100 米厚。

　　威尼斯、阿姆斯特丹、上海、拉各斯以及其他许多地方的地貌亦是如此。这些现代城市不过是建造在几千米厚的巨大"地层蛋糕"之上的混凝土表层。总有一天，这些城市的遗迹也将在"地层蛋糕"里形成它们自己的独特地层。

随着时间的推移，在海滩、河岸和花园土壤中看到的松散沉积物层都可以转变成坚硬的岩层，这些岩层非常坚硬，以至于使用地质锤也难以敲开它们。至于它们如何变得坚硬，尤其考虑到时间因素，这个过程有时候并不一目了然。有一些砂层来自恐龙时代，用铁锹就能挖开，同样古老甚至更老的泥层仍然非常松软，甚至能用来制作砖块。但在一些现代海岸线上，也可能有坚硬的"海滩岩"床，里面含有塑料瓶和空的薯片袋，说明它们在短短几十年内已经硬化。人们该如何解释这种矛盾呢？

转换：
沉积物如何变成
坚硬的岩石

不论以上哪种情况，都有必要去了解特定岩石的历史——即从松散沉积物变成坚硬岩石的过程。

其中有一个因素是化学因素：在许多沉积地层中，单个颗粒——无论是卵石、沙粒、黏土片还是化石碎片，都是由某种类型的天然胶结物黏合在一起的。一种常见的胶结物是方解石（碳酸钙）。它的来源通常是与沉积物一起埋藏的贝壳化石。一旦被掩埋，这些贝壳就会溶解于那些充填于沉积物颗粒之间的地下水中。然后，如果化学条件发生变化，碳酸钙可以从颗粒周围的水中结晶，将它们紧密地结合在一起，形成岩石。就像现代"海滩岩"中的那样，如果需要的成分都具备，这种类型的胶结物就会快速形成。

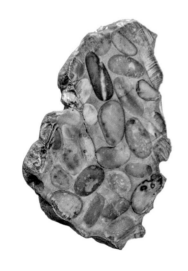

然而，大多数这种胶结物都不易被观察到：肉眼几乎看不见，甚至用手持放大镜也很难观察，只有在显微镜下才能看到它们。不过有时候，如果沉积颗粒很大——比如鹅卵石大小，并且胶结物形成了厚厚的一层，那么它的特征即便使用肉眼也能看清了。

胶结物还有其他种类。一种是二氧化硅，它可以源自"玻璃海绵"或者微型硅藻（一种单细胞藻类）等具有硅基骨骼的化石残骸，或者来自硅质岩本身。铁氧化物也可以作为一种胶结物，通常会使岩石呈现出醒目的红色。这样的岩石必定是在富氧的条件下形成的——要么在陆地上，要么在富氧的浅海海底。另一种胶结物则是由黏土矿物形成，不过这种胶结物并不太坚固，像这样胶结起来的岩石通常用手就可以捏碎。

除化学因素外，压力也有助于沉积物颗粒结合在一起，例如在上覆岩石达到几千米厚的深埋条件下，相邻的石英颗粒开始融合在一起，这个过程被称为压溶作用[1]。颗粒接触点处的压力最高，二氧化硅从这里开始溶解，离子就会进入含有碎屑颗粒的地下水中。一旦处于低压状态，溶解的二氧化硅就会再次析出沉淀，并在碎屑颗粒周围形成坚硬的外壳，将它们紧密胶结在一起。

标志性的砾岩

英国的"赫特福德郡布丁石"作为 5500 万年前的鹅卵石沙滩遗迹，现在是一块极其坚硬的岩石——其中的沙粒和鹅卵石被天然二氧化硅胶结物胶结在一起。（左页图）

规模宏大的
天然胶结现象

这个"巨型角砾岩"位于美国死谷国家公园的泰特斯峡谷，大块的深色石灰岩角砾（可能因为构造运动而在地下破碎）被白色方解石牢牢地固定在现在的位置。

---

1 pressure solution，是一种物理化学成岩作用。碎屑颗粒接触点上所承受的来自上覆的压力或来自构造作用的侧向应力超过正常孔隙流体压力时（达 2~2.5 倍），由于颗粒接触处的溶解度高，从而发生压溶作用。

"颗粒"的专业术语是"碎屑"，即一块独立的岩石或者矿物碎片，它们构成了"碎屑沉积岩"的一部分。那么，碎屑能有多大呢？它可以是微小的黏土片，也可以是粒径达到一千米的"巨型岩块"。

砾石、巨砾、独块巨石：最大的沉积颗粒

当一座山（或者大片的海底）在一次岩崩中破碎，就会形成巨型岩块。接下来，巨大的岩片就像巨型雪橇一样，可以在厚厚的碎屑层中向下滑动。这样的单个巨型岩块若在山边的古老地层中显露，可能看起来会像一个巨大的悬崖。

在较小的尺度上，巨砾则是一些沉积地层中常见的碎屑类型。它们常见于岩崩地层，但是在陡峭的地形中，巨砾也可能被威力强大的洪水带走，例如那些在大洪水中从陡峭山坡上倾泻而下的巨石。这种富集巨砾的古老地层在山区很常见，代表它们曾经受到侵蚀的一段历史。火山岩巨砾也可以被火山碎屑流裹挟搬运，因此是其形成的熔结凝灰岩地层的一个典型特征（见第60—61页）。

冰川漂砾

冰川漂砾，即冰河时代的冰川和冰盖携带的巨砾，在冰融化之后散落在野外。这在许多被冰川覆盖的地区很常见。

粗砾（砖块大小的砾石）和中砾（尤其是后者）其实在沉积地层中更为常见，甚至可以组成岩石。虽然有些只由一种矿物（特别是石英）组成，但是这些砾石大多是岩石碎屑。在研究砾石的形成历史时，它的形状可以提供重要线索。当从某块岩石表面破碎下来的岩屑，在被磨圆棱角之前就被埋藏，这样就会形成棱角分明的砾石。这种情况可能发生在岩屑堆[1]类似的沉积物中。这样的沉积物一旦成岩，就被称为角砾岩。所谓的断层角砾岩在地下某些地方形成，这些地方的岩石会随着构造断层面的移动而破碎（见第114—115页）。

许多砾石会因为被河水携带或者被海浪冲刷而走得更远。在运动过程中，它们多次相互碰撞，就像在一个滚筒式的研磨机里，棱角逐渐被磨平，变成越来越圆的卵石。海滩上的海浪不断地来回冲刷，对砾石的磨圆最为有效，在这样的条件下，一颗砾石仅在几个月内就可以失去一半重量。根据岩石的种类，砾石可以有不同的形状。像板岩这样的岩石，容易在一个方向上崩裂，通常形成圆盘状的砾石，而花岗岩等岩石则会更圆。由这些圆形的砾石组成的岩石被称为砾岩。

海岸线是砾石塑形最有效的地方，而砾石可以被搬运到离海岸线更远的地方。它们会在风暴期间被拖离海岸，然后沿着海底峡谷被卷到深海海底。一旦到了那里，就没有什么能让它们走得更远了，这里便是它们旅程的终点。当被埋在深海软泥之中，它们将形成可以长期存在的地层，成为这段非凡旅程的见证者。

差异较大的细砾

左图是威尔士阿伯里斯特威斯海滩上的板岩细砾，在海浪作用下，不断地与其他砾石碰撞，变得圆润光滑。由于上方的峭壁被侵蚀，右图这些岩石碎片掉落到岩屑堆，保留了它们原来的棱角。

---

1 scree，是指在悬崖峭壁、火山或峡谷底部，由于岩石崩落而聚集起来的松散碎石堆。与之相关的地貌通常被称为"塌砾堆"或"塌砾坡"。

每一粒沙的诞生都是一段旅程。每一段旅程和每一粒沙都是独特的。然而，数以万亿计这样的独特故事却有着一些共同的模式，其中一点是沙的矿物组成，即大多数沙粒都是由石英组成的。

沙和砂岩：
一粒沙的故事

一颗沙粒的旅行通常始于花岗岩等岩浆岩的风化和剥蚀，长石则是这些岩石中最主要的矿物（实际上它也是地球表面最常见的矿物），石英通常只占较小的一部分。但是，在风化过程中，特别是在湿热气候下，长石往往会发生化学分解，转变成黏土矿物，这些黏土矿物会被水冲走形成泥浆。花岗岩中的石英晶体则更能抵抗这种化学侵蚀。随着周围岩石的分解，它们以石英砂颗粒的形式被释放出来，随后又被风和流水带走，穿过沿途的地貌景观，流向海洋。它们到处堆积，形成富含石英的沙层。

沙子不仅是由石英组成的。特别是在干旱的地区，一些长石也可以在长期风化中幸存下来，形成部分沙粒。与具有玻璃光泽的石英颗粒明显不同，长石是不透明的，我们可以通过这一点来区分它们。在火山岛的沙滩上，经常会见到黑色的沙子，它们的组成是那些细小的玄武岩颗粒或深绿色橄榄石颗粒，甚至是云母片。有些石灰岩也是由沙粒级的颗粒组成的（见第88—91页）。另外，在显微镜下观察时，还可以在沙粒中看到各种各样的稀有颗粒，例如石榴子石、锆石、电气石、磷灰石和其他副矿物。这些颗粒为沙子提供了一种独特的矿物"指纹"；从研究古老的砂岩时，地质学家正是利用它们来研究几百万年前的何种地貌被侵蚀，从而产生了这些形成砂岩的沙子。

被河流和海滩搬运的沙粒会变得圆润，就像砾石所经历的那样，但是磨平它们的边缘则要更加困难，因为它们比砾石轻得多，特别是在水中受到缓冲，它们之间的碰撞就没有那么剧烈。而沙漠里的风非常强劲，在风的驱动下，沙粒间的碰撞更加剧烈。因此，磨圆最好的沙粒可以在沙漠中找到。通过仔细观察可以发现，这些沙粒不仅圆润漂亮，还因多次撞击而具有磨砂表面。沙漠沙的这种指示性标志可以保存在古老的风成砂岩中，利用这一点有助于识别这些壮观的地层。

天然砂岩雕塑

菲律宾阿尼马索拉岛上的这块砂岩呈现的岩层反映了不同的水流速度，而正是不同流速的水流将沙子分选成了粗粒层和细粒层。有些水流非常湍急，甚至可以搬运较大的砾石。（右页图）

当沉积物颗粒被风或者水流搬运，就可以形成特别的、不断变化的复杂构造，这些构造随后可能被"冻结"在岩层中，从而为我们了解数百万年前的地表条件提供线索。其中一些最引人注目的构造就保存在沙子之中，例如沙波纹和沙丘。现今，这些构造在海滩或者潮坪的沙层中很常见，而过去的构造则需要从古老砂岩地层中识别。

自然奇观：
沙波纹和沙丘

这些构造有几分神秘，物理学家们对它们究竟能指示什么感到了困惑。当水流从沙层之上流过时，物理学家们认为沙层表现出"自组织"的特性。水流形成的波纹很容易被看到。沙子组成一组组不对称的小沙脊，可以是直线形的，而在水流稍快一些时，它们或许会断开并变成新月形状。流水带着沙粒沿着沙脊一侧的缓长斜坡而上，然后沙粒沿着陡峭的一侧崩滑下来，形成一组组向下游倾斜的小纹层，从而将沙脊堆砌起来。因此，当这些沙子以波纹的形式被带到下游时，波纹本身也在不断地向下游移动。

当这些沙层在古老地层中石化时，人们有时就可以像在海滩或者潮坪上那样，看到沙层的顶面。但更常见的情况是，如果地层被横向切开，人们会在剖面上看到一系列的小型倾斜纹层（即波痕交错纹理[1]）。这些都是形成它们的水流的线索——不仅有关于水流速度的，还有关于水流方向的，而水流方向的信息就是通过研究这些层理的倾斜方向而得来的。

移动的沙子也可以形成更大的沙丘构造。沙丘的形成不仅是因为波纹尺寸的增大，还因为它们是另一种不同类型的构造（并且在它们的顶部也可以形成波纹）。然而，沙丘在形状和行为上与流水波纹相近，也会产生前进的崩滑面，形成倾斜的沙层，并在古地层石化时形成交错层理[2]。沙丘可高达数米，而非几厘米，并且可以由气流和水流驱动形成。尽管水和空气的密度差异很大，但在某些方面，它们是相似的（风成沙也可以形成波纹，但是它们的构造与流水波纹大不相同，风成波纹会形成一种缺少交错纹理的、不同类型的层理）。

如果水流速度更快，在浅水中流速快得足以把人冲走，那么波痕和沙丘就会被冲刷平整，形成水平层理。这样形成的层理面上通常会留下这种高速流体的痕迹——微小的涡流沿着直线冲刷，在沙子上形成独特的平行凹槽（即剥离线理构造[3]）。这种古代的砂岩常被用作铺路的石板，因为它们能轻易地破开成平整的石板，而且这种剥离线理在石板上也很常见。

当你在沙滩边的海面上划船时，可能会看到由海浪的来回运动而形成的另一种波纹。与流水波纹不同，这种浪成波纹是对称的，且具有尖锐的波峰。在古老地层中，它们是这些沉积物在浅水中沉积的明确标志。

沙子运动的方式

这个风成沙丘的右侧有一个陡峭的崩滑面（因此它在来自左侧的风的驱动下，通过一系列崩滑面而正在向右迁移）。较平缓的"迎风"面被风成波纹覆盖，代表着沙子在较小尺度上的迁移。（左页图）

现代和古代的沙波纹

这些波纹是流水在沙中雕刻而成的：左边是德国海岸的现代潮坪；右边是 2.4 亿年前的犹他州。

---

1 cross-lamination，交错纹理的纹层一般为毫米至 1 厘米厚度，是层理内部更小尺度的颜色、成分或粒度变化层。

2 cross-bedding 或者 cross-stratification，交错层理的厚度一般在数厘米至数米之间，它是沉积序列中的岩性变化层。

3 parting lineation，是指某些砂岩沿层理裂开后，裂开面上显示出一种大致平行的、非常微弱的线性沟和微细凸起的脊。一般认为剥离线理构造是由砂粒在平坦床沙面上迁移形成的，所以它是高流态环境的识别标志。其剥离线理的方向平行于水流方向。

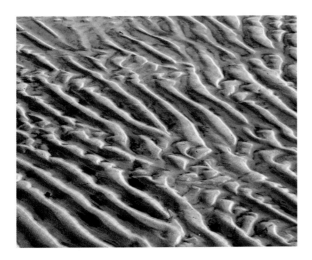

人们对泥浆（mud）的印象不太好。英语中有很多对泥巴（mud）一词的负面用法，比如：如果你在朋友间名声不好（your name is mud），如果你在试图解释某事时，反而越描越黑（muddy the waters），或者如果你在政治辩论中诽谤他人（sling mud），你的个人声誉就会下滑。这种负面使用，如果不是出于个人措辞习惯，那么对它来说的确很不公平。泥浆这种物质在地球上是一种近乎魔法的成分，因为它既是生命的跳板，又是生命的维持者。就地球而言，泥浆至少持续存在了35亿年。

泥浆的形成

罗马尼亚布泽乌泥火山口

全世界有成千上万座这样的泥火山。它们是一个巨大的地下管道系统在地面的表现形式。在压力变化的驱动下，液态泥浆在其中流动。在尚未硬化的年轻地层堆积的地方，例如大型三角洲，这类泥浆喷发尤为常见。

和地球一样，金星也是一颗岩石行星；但它是一个没有生命的炼狱，至少部分原因在于那些无尽的熔岩地带没有泥浆。同样地，月球表面有一些尘埃，但可惜没有水将其转变成泥浆。火星上只有一点泥浆，却是数十亿年前形成的，这也是太空科学家怀疑这颗冰冻星球上可能曾经出现过生命的理由之一。然而，地球被泥浆覆盖，并且是各种各样生命的家园。这可不是巧合。那么，泥浆到底是什么神奇的东西呢？

地质学上对泥的简单定义，是比沙粒更细的沉积物，这只讲了故事的一部分。月球上的细粒尘埃，只是月球原始矿物经过陨石粉碎形成的细小碎片。在地球和火星上，大部分泥质细颗粒是一些新物质——在水被加入混合物之后，原始矿物分子重构的产物。在炽热岩浆中生成的旧矿物，在较冷、较湿润的表面发生分解，新的矿物出现了。在原生岩石的这种化学风化作用中，黏土矿物出现了。

与长石、辉石和云母类似，黏土矿物也是硅酸盐矿物，但是它们之间

如何解读黏土矿物

　　扫描电子显微镜（SEM）显示了在不同黏土矿物中发现的奇特多样的形状和结构。放大了数千倍后，它们看起来就像有无数页的书本、六边形的森林、雪茄状的卷筒或缠结的纸屑。

- ● 地开石
- ● 高岭石
- ● 绿泥石
- ● 蛭石

有一些关键的区别。它们最像云母，具有微观尺度上的片状结构，但实在太小以至于用手持放大镜或标准光学显微镜也看不清。然而，在电子显微镜下，黏土片呈现出奇妙的丰富多样的形状。这些形状的背后还有着一个隐秘的故事。相对于其微小的体积而言，所有黏土矿物都有巨大的表面积——仅 1 克黏土矿物的表面展开可覆盖超过数百平方米。这个巨大而复杂精细的表面可以作为更多化学反应的框架——而且很可能作为一种矿物支架，在生命诞生的初期帮助形成和稳定 RNA 和 DNA。

　　生命一旦形成，就需要一颗稳定的行星来延续存在——一颗没有经历过极度炙热或者冰冻的星球（前者比如金星，后者比如火星）。人们认为，因为化学风化作用，地球在很大程度上避免了这些命运。大气中的二氧化碳参与了这一过程，在这个过程中，空气中的二氧化碳被慢慢移出大气，从而防止温室气体累积到危险的高水平。因此，泥浆作为最终产物，成为行星生命的保险。当你下次在花园中挖土或者走在犁过的田地上时，这个结论值得铭记在心。

英格兰多塞特郡的侏罗纪海岸

虽然泥岩是地球上最常见的沉积岩，但有时候这一点并不总是显而易见，因为它们通常是受风化影响较显著的软岩，所以往往不会形成壮观的地貌。但是，在泥岩被河流或海洋截断的地方，比如左图这个英格兰南部海岸莱姆里吉斯的悬崖，人们得以开始窥见它们的丰富，以及它们对地球构造的重要性。

泥岩的颜色变化

原始的红色泥岩颜色来自其中氧化的铁矿物。一旦被埋藏，缺氧的地下水就会通过节理（裂缝）和地层表面循环，使铁发生化学还原，泥岩变为绿色。

泥岩是地球上最常见的沉积岩，尽管通常看起来并非如此。它们一般比砂岩和石灰岩更软、更脆弱，所以不会形成那么令人印象深刻的悬崖和峭壁，反而常常占据它们之间那些不太显眼的低地（见第36—37页）。泥岩不像其他沉积岩那样具有引人注目的结构，例如代表石化沙丘的交错层理。但是，一旦掌握了解读它们的关键，就会发现泥岩是地球历史最有力的见证之一。

泥岩：
历史的见证者

有些线索很简单，比如颜色。例如，红色泥岩是指铁组分（不必很高）已被氧化的泥岩；这通常指示陆地环境，尤其是植被稀少的干旱地区。在绿色泥岩中，铁处于化学还原状态，指示例如闭塞的、被水淹没的沼泽。深灰色和黑色泥岩则由于含有大量腐烂的动植物物质而富含碳，并沉积在缺氧的海洋或湖泊底部。

这种类型的富碳深色泥岩代表了湖泊或海洋的某些区域，当地具有生物富集的条件。不过，有些则代表了更为全球性的事件：地球当时处于一个较为温暖的时期，海洋环流缓慢，海底缺氧。在这种情况下，死亡的浮游生物沉入海底，不易腐烂，而是被埋在海底的淤泥中。这种过程将碳封存在岩层中，而不是让碳以二氧化碳的形式渗回大气中。随着时间的推移，这个过程使地球变冷。因此，这种黑色泥岩是地球恒温器的一部分。

在这种黑色泥岩的形成条件下，很少有动物生活在海底——因为那里根本没有足够的氧气供它们生存。然而，从阳光充足的、富含氧的上层水掉入海底的动植物残骸，可以被埋入这些淤泥中，最终成为保存完好的化石——有些动物的眼睛、内脏和皮肤甚至也作为化石保存下来了。其中一些动物遗骸经过了黄铁矿化，而作为黄铁矿保存下来，这些神奇的化石往往会呈现出美丽的金色光泽，成为古生物学家热衷于寻找的宝物。

当气候变冷时，洋流通常会加速，这有助于将氧气带回海底。然后，蠕虫和甲壳类这些活跃的动物会重新出现，并开始在淤泥中爬行或掘穴。氧气会加速有机质的腐烂，因此淤泥不再富含碳，颜色会变成浅灰色。这些动物还会搅动淤泥，细致的分层就会消失，取而代之的是泥岩中的潜穴。这是地球温度发生改变的标志。在这些较冷的气候条件下，碳开始以二氧化碳的形式返回大气，以加强温室效应。最终，这将导致气候再次变暖——从而为黑色泥岩的回归创造条件。

一块富含碳的泥岩

这块泥岩的颜色（深灰色）显示了其中含有大量的有机碳，这些有机碳是曾经生活在泥质海底及其上水体中的生物——其中许多是微生物——的组织的腐烂残骸。这些化石代表了其中一些生物的骨骼。

深海海底是许多从陆地剥蚀而来的沉积物的最终归宿。这些沉积物的墓地非常巨大，探访它们最简单的方法就是观察那些已被推到陆地上的古老实例，它们形成了巨厚的岩层，构成了世界上大部分的山脉。观察这些地层，可以看到它们的独特特征，并为了解沉积物是如何结束其漫长旅程提供线索。

地表之下：
海洋地层

最普遍的模式是砂岩和泥岩板片非常有规律的相互叠置，通常每层只有几厘米厚。砂岩层通常具有非常清晰的基底，其底部的颗粒最大、最粗，颗粒向上逐渐变细，再往上是沙，顶部是泥，而泥层的顶部是下一个基底尖锐的砂层，依此类推。

长期以来，这些地层一直困扰着地质学家。当人们意识到地层是由许多单独的强水流形成的时候，谜团终于解开了，这些水流被称为浊流，它们将沉积物从浅水环境长距离搬运到非常深的水域。这些浊流可能是由地震或者大风暴引发的，大量沉积物（通常一次有数十亿吨）会因为这些风暴变得不稳定，然后在重力作用下，作为密度大的湍流向下流动，并加速到特快列车的速度（这种湍流可以破坏坚固的海底电缆）。浊流可以流淌数百甚至数千千米，然后逐渐减速并在海底铺上一层厚厚的沉积物——浊

沉积岩和化石

重力驱动沉积物

    浊流等重力驱动的脉冲式沉积被周期性地触发，正是沉积物被输送到深海海底的主要方式。

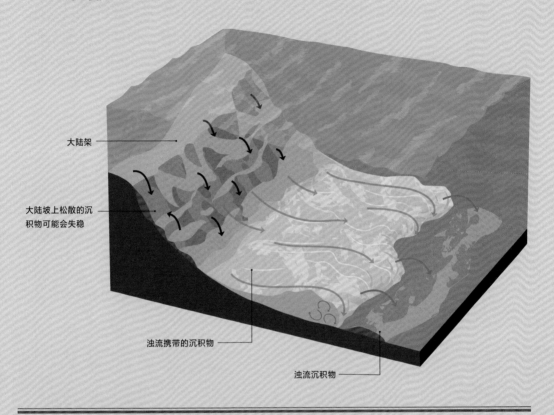

大陆架

大陆坡上松散的沉
积物可能会失稳

浊流携带的沉积物

浊流沉积物

积层——它可以在很大范围内埋葬底栖生物，沙最先落下，然后泥浆在其上缓慢沉积。浊积岩地层总体上可达数千米厚；它还具有其他明显特征，例如通常保存在砂岩层底部的海底冲刷痕迹（长笛状标志），以及穴居动物在灾难性事件中被埋没的痕迹。

    由这种浊积岩沉积物形成的巨大沉积扇覆盖在大陆的边缘，并以某种方式向深海平原延伸。除此之外，还有薄薄的深海软泥，其中一些主要是由浮游生物的微小骨骼构成，它们从远在浅海的透光层水体漂落下来。正如我们将要看到的，这形成了一种叫作白垩的岩石，它标志着地球上最独特的时期之一。

深海地层

这些典型的砂岩（浅色）和泥岩（深色）有规律的交替是深海海底广泛出现的浊积岩沉积物的典型特征。每一对砂岩－泥岩组合都是由浊流中的沉积物脉冲沉降形成的——沙先沉淀下来，然后是泥。
（左页图）

陆地表面的风化作用不但形成了最终进入海洋的沉积物，还产生了所有使海水变咸的溶解化学物质。事实上，海水太咸了，以至于在适当的条件下，其中一些化学物质还可以再次沉淀出来，形成化学沉积地层，例如，海水干涸时所形成的岩盐层。植物和动物也可以从海水中提取溶解成分来构建它们的骨骼。经过许多世代，这些骨骼在海底堆积起来，形成生物岩（即生物成因的岩石）。其中最典型的成分是钙和碳酸盐，它们构成了方解石（及相关矿物文石）；然后这些矿物聚集形成石灰岩。

化学和
生物成因岩石：
从石灰岩到磷酸盐岩

这种石灰岩的形成在富含贝壳的海滩上最容易见到，而类似的化石——即代表古海滩和浅海海底的贝壳灰岩，也是一种常见的岩石。在这种贝壳灰岩中，有些化石可能是坚硬的海洋贝壳本身（通常由动物提取方解石制成），而

有些只是岩石中的贝壳状空洞（它们多数原本是文石形成的贝壳，但由于文石更容易在地下溶解而仅留下一个贝壳状的壳模）。

另一种生物灰岩是由活的珊瑚礁形成的。如今，这些宏伟的结构已经因气候变化和海洋酸化而被破坏。然而，基于活珊瑚提供的框架，仍然可以看到它们非凡的生物多样性。这种水下架构——其表面可以被潜水员看到——会延伸到水下深处，形成复杂的珊瑚骨骼三维堆积物，其中还有许多其他生物的化石残骸。这种珊瑚礁灰岩可能非常厚。在 19 世纪，查尔斯·达尔文最先意识到珊瑚环礁建立在缓慢下沉的火山岛之上，而珊瑚生物总是一代又一代地向上生长，环礁因此得以保持在海平面之上。这种珊瑚礁灰岩的厚度可达一千米或者更厚。

今天的礁灰岩由珊瑚建造，但是在过去的地质历史时期，其他生物，如海绵，甚至不同类型的特殊壳体动物，也可以提供灰岩架构。生物礁是脆弱的，很容易被破坏；它们在地质时期出现又消失。人类活动似乎正在造成这种生态系统（以及它所产生的岩石）的又一次灭绝事件。

除此之外，还有其他种类的石灰岩。白垩是世界上最独特的石灰岩之一，在世界各地都有发现。8000 万年前的白垩纪时期，地球非常热，海平面也很高，无数浮游单细胞藻类的骨骼（颗石藻）降落到海底，形成了白垩。

另一种独特的类型是化学成因的鲕粒灰岩，它是由鲕粒（沙粒大小的球体）组成。在温暖的、波浪冲刷的浅海中（如今天的巴哈马群岛周围），鲕粒是通过在中央核心周围累积微小的碳酸钙层形成的，这有点像冰雹在大气中形成的方式。鲕粒灰岩是很好的建筑石材，因此此在城镇和城市建筑中很常见，我们可以用手持放大镜很方便地观察其复杂的细节。

石灰岩是种类最丰富的化学 - 生物岩石，而其他种类的岩石也是既独特又重要——尤其是对于维持人类生存至关重要！

鲕粒灰岩（左）

这些是放大的典型鲕粒。它们的直径为一毫米或更小，呈球形，具有分层的内部结构。图中这个五角放射状化石是海百合茎的一部分，而海百合则是海星的近亲。

生命的记录（右）

这块 3.5 亿年前的石灰岩中含有灰白色的珊瑚化石。岩石中细微的斑驳纹路代表着动物在古老海底营养丰富的石灰泥中的潜穴。

礁灰岩

这片位于瑞典哥特兰岛海岸的巨大石灰岩，是一堆大约 4.3 亿年前生活在浅海海底的珊瑚、海绵、钙质藻类和其他生物留下的骨骼化石。（左页图）

　　除了由石英颗粒组成的沉积岩之外，还有硅质岩。它是由浮游生物复杂而美丽的微小骨骼构成的，这些浮游生物分泌二氧化硅，如放射虫（单细胞变形虫类动物）和硅藻（单细胞藻类）。这些沉积岩一般会出现在有丰富的溶解二氧化硅的地方（如火山湖，硅藻可以大量繁殖），或者出现在没有其他种类的沉积物的地方，如非常深的海底。这里远离陆地来源的沉积物，方解石骨骼在此溶解，放射虫骨骼层慢慢堆积形成软泥。

　　这些地层最初形成时，软泥层呈松散的粉末状（并且复杂的骨架结构使它们非常适用于工业过滤，就像"硅藻土"一样）。然而，当它们被埋藏时，热量和压力使这些骨骼（水合二氧化硅）重新结晶成一种牢固的、非常坚硬的岩石，也就是燧石，其中的矿物是石英。这样的燧石层通常出现在山脉带，那里的深海地层被推挤抬高而形成陆地。

　　火石是燧石的一种常见形式。这通常与白垩有关，在白垩中它形成不规则的结核层，一些较小而呈土豆状，另一些较大而形状更为复杂。这些

沉积岩和化石

燧石结核在地下形成，当埋藏在白垩层中的硅质骨骼化石¹溶解时，二氧化硅在白垩中重新沉淀形成燧石结核。火石非常坚硬，通常会在白垩地层受到侵蚀的地方形成大量的卵石。

磷灰石在化学上被称为磷酸钙，是一种与人类关系非常密切的矿物，它构成了我们的骨骼和牙齿。它也是恐龙、猛犸象和其他脊椎动物骨骼的组成成分（也构成了某些种类的贝壳）。海流或河流有时会将成层的骨骼、鳞片和牙齿卷到一起，将较轻的沉积物颗粒筛除，从而使这些化石聚集在一起形成骨骼层。这种罕见的地层非常壮观，为了解过去的动物群落提供了一个令人惊叹的窗口。

另一种形式的磷酸盐化石来自动物粪便化石，即粪化石。粪化石可以为我们提供有关史前动物饮食的重要线索。富含磷酸盐的地层，包括富含粪化石的地层，对人类至关重要，因为它们是磷肥的主要来源，对农业至关重要。商业规模的矿床并不常见，并不是世界上任何地方都能找到的，而且磷酸盐矿不可再生。据说，世界可能正在接近"磷酸盐峰值"，因此这种岩石在未来将变得更加重要。

五亿年前的燧石层

俄勒冈州的彩虹岩中坚硬的燧石层是硬化的软泥残留物，由无数微小的放射虫硅质骨骼组成，这些骨骼是在寒武纪时期落入海底的。（左页图）

粪化石

这些不规则的富含磷的团块是粪化石——动物粪便的化石残留。它们可以在陆地地层中找到，来自恐龙等动物；也可以在海洋地层中出现，来自鲨鱼和海洋爬行动物。

---

1 通常是玻璃海绵——一种骨骼全由硅质骨针组成的海绵化石。

地球的岩层有超过35亿年的历史。我们可以通过不同的方法来探索地球不同时期的历史。例如，人们可以利用岩石的天然放射性计算出其以百万年为单位的年龄。对于沉积岩，最好和最简单的方法就是利用化石来估算。虽然化石不能给出以百万年为单位的年龄，但它利用地球不断演变的生命形式的历史，可以将岩石地层按照相对的顺序排列：即指明哪个地层更古老，哪个更年轻。

判断时间：化石

一种不够精确的化石时钟

叠层石——层状微生物结构的化石——在地球化石记录的前30亿年间占主导地位。即使在这个巨大的时间跨度中，它们的保存模式也几乎没有明显的变化。然而，正如下面两个标本所示，它们在岩石中的几何形状和外观可能非常多变。

在前寒武纪的前30亿年的地层中，化石只提供了一个非常粗略的时间度量。事实上，在地质学的早期，人们认为这些岩石中不存在化石。但是后来的研究显示，古老地层中含有微生物层状岩石——即叠层石，有时还保存着微生物本身的微观遗迹。然而，这些都非常罕见，并且在那么长的时间跨度内只显示出渐进的变化。

接下来是一场生物革命。5亿多年前，在（地质学上）很短的时间内（仅3000万年），我们今天所知道的所有主要动物类群都发生了进化：软体动物、节肢动物、蠕虫类和其他动物（包括最早的鱼类，尽管当时这些鱼类非常罕见）。这次生命大爆发标志着寒武纪的开始，也标志着我们今天所知道的复杂生命的开始。这些生物的后续演化，以丰富的化石形式保存下来，现在的科学家已经对它们进行了详细的研究（尽管仍有很多东西有待继续研究）。这些生物化石为最近的地质历史时期——我们称之为显生宙（今天仍在其中）——的开始提供了一个奇妙的计时器。

化石时间标志物

这些是三叶虫化石,是古生代的典型化石。在近3亿年的古生代阶段,成千上万的物种进化了。通过识别这些单一物种,古生物学家可以在岩石中识别出精确的"时间片段",一个片段代表不到一百万年的时间跨度。

对于专家来说,这种化石计时器可以提供高度的精确度,基于个别化石物种的出现和灭绝,可以识别出数亿年前小于一个百万年的时间单位。不过,人们也可以更广泛地使用化石,来识别显生宙三个大时代的地层:古生代、中生代和新生代。

古生代的明显标志化石包括标志性的三叶虫,它们是贯穿整个古生代的海洋节肢动物(在古生代早期要更为丰富,有数千个不同的属种);它们的三瓣甲壳非常独特。除三叶虫之外,还有浮游笔石类——复杂的动物群落,形成化石后看起来像铅笔画——也非常典型。

中生代以其作为恐龙的生活时代而闻名,但是恐龙骨骼通常很罕见,所以这些巨大的化石并不是判断时间的最佳实用指南。小型化石才是更有效的时间标志物,其中以菊石和箭石——两者是鱿鱼和章鱼的近亲——最为常见和独特。

新生代——我们依旧生活的时代——是"现代"生态系统发展的时期。在陆地上,哺乳动物繁盛,但与恐龙一样,它们的化石残骸稀少。而软体动物双壳类和蜗牛的化石更为常见。另一组确定无疑的新生代化石包括货币虫——被称为"巨型微化石",它们有硬币大小,壳体呈圆盘状,具有很多房室。这些化石在地层中非常丰富,埃及金字塔就是用货币虫灰岩建造的。

箭石

这些化石常见于中生代的岩石中。表面上非常相似,古生物学家可以识别出有细微差异的不同种类的箭石,并将它们用作这个时代地层的时间标志物。

4

变质作用和构造运动
METAMORPHISM AND TECTONICS

海洋贝壳化石居然出现在高处的山坡上，这个现象令早期的科学家们既兴奋又困惑，生活在15—16世纪的列奥纳多·达·芬奇（Leonardo da Vinci）就是其中一员。达·芬奇发现，在意大利佛罗伦萨附近山坡的地层中，贝壳化石排列有序，且它们多数还位于原来的位置，并未被猛烈的洪流冲散。据此，他大胆地推断，曾经的海底一定是被抬升了，唯有这样，现代的阿诺河才可以从海底地层中穿过。如今，我们知道海洋生物化石甚至可以抬升到世界最高峰的顶部。科学家已经在珠穆朗玛峰峰顶、海拔8千米以上的地层当中，发现了距今约5亿年的海洋生物化石，如海贝壳、三叶虫和海百合等。

抬升的地层：
高山上的
海相沉积

达·芬奇敏锐的直觉极具洞察力。现代地质学研究表明，地壳确实可以抬升和沉降（而海平面的升降可以不受地壳运动的控制）。关于它如何发生，早期地质学家提出了众多猜想。18世纪晚期，苏格兰地质学家詹姆斯·赫顿（James Hutton）[1]认为，地球是一个巨大的"热力发动机"。从本质上来说的确如此，板块的运动与地球内部热量的释放有着密切的关系。现代板块构造理论认为，当地壳横向移动时就会发生这种情况（见第24—25页），同时伴随着深部炽热

岩浆的上涌、冷却，以及大洋地壳的形成。

板块运动可以导致陆地的局部升降，而这种现象在喜马拉雅和安第斯等造山带最为常见。在这些地方，曾经位于深海海底俯冲板块上的沉积物被刮削下来，堆积到大陆边缘，并随着岩石被挤压和山脉的形成而被抬升到高处。因此，许多造山带都包含大量的深海岩石，如浊积岩（见第86—87页）。在这个过程中，沉积物可以俯冲至地表以下 16 千米的深处，然后被快速带回地表。在这个过程中形成的岩石就包括蓝片岩，其中含有蓝闪石——一种具独特蓝色色调的高压矿物。

在强烈褶皱地区，岩石通常会遭受高温和高压的改造，发生极大的改变；而远离强烈褶皱区的地壳因为升降过程更加缓慢、温和，所以地层结构及其中的化石受到的破坏则要小得多。

例如，在白垩纪时期，北美洲中部是一片广阔的浅海。这片内陆海之下的地壳缓慢下沉，因此沉积物在这里不断堆积。后来，由于地壳缓慢上升，把这些地层带回地表。在此过程中，这些地层既没有经历过强烈的揉皱，也没有受到热量和压力的作用，它们只是在自身重力的作用下被压实，即使最深层的部分也只是被地球内部的热量轻微加热了而已。

温和的构造隆升和沉降

科罗拉多大峡谷典型的水平地层是由被缓慢埋藏的岩石组成的，它们并未发生褶皱变形，后来再次上升到地表，如今正在经受科罗拉多河的侵蚀。

构造"扶梯"的抬升作用

人们在珠穆朗玛峰的顶部发现了海洋化石。我们在这样的山峰上看到的倾斜和褶皱的地层，本身就是构造作用将这些地方的地层抬升到当前高度的证据。（左页图）

---

1 赫顿（1726—1797）是火成论的创始人。

今天，如果你徒步或驾车翻越一个造山带，将会发现其内部不同部分的古老岩石。这是因为曾经位于上方的早期山体已被侵蚀殆尽，内部的古老岩石就会从深处剥露到地表。这些剥露出的岩石中有许多是变质岩，它们主要由原来的火成岩或沉积岩经过变质作用转变而来。

受到构造压实的泥：板岩的形成

在造山带的外围地区，原来的岩石虽然并未被改造得面目全非，但也转变为另一种岩石，板岩就是一个典型的例子。最初沉积在海底的泥被上覆的地层掩埋和压实，形成了泥岩。然后，如果处于不断增长的造山带中且被夹在正在碰撞的构造板块之间，泥岩就会被无情地挤压，从而形成巨型褶皱。

如果这种挤压发生在地表以下 8 千米甚至更深处，那里的温度达到 200℃或者更高，岩石的结构就会慢慢发生根本性的改变。岩石中细小的片状黏土矿物开始转变：虽然仍然细小，但它们改变了排列方式——开始呈现平面状，以抵御来自侧面的第二主应力。同时，这些岩石通常不再会沿着原始的解理破裂，而是沿着与原始解理面成高角度的新形成的矿物平面破裂。这时，泥岩已变质成为了板岩。

如果原来的泥浆足够纯净，板岩就可以被熟练的工匠分割成薄薄的瓦片。如果仔细观察其表面，可以看到原始层理或者动物潜穴的微弱痕迹。

不过，自然界中的大多数泥岩并不具备这样的纯度，而是含有粉砂质或者沙质夹层，因此并不适用于制作瓦片或者台球桌面！然而，粗糙的沙质层与板岩光滑的劈理面形成了鲜明对比，很好地说明了这些岩石的形成历史。当然，如果缺乏片状矿物，岩石并不会非常规则地沿着劈理面裂开，而石英颗粒会紧密重结晶，形成坚硬的石英岩。

在板岩的形成过程中还会发生其他变化。如果泥浆中含有硫化铁，那么这些硫化铁在板岩中发生重结晶就可能形成大的、立方体状的黄铁矿晶体[1]。如果岩石是新鲜的，黄铁矿就可能还会保持其金属光泽。如果岩石已经被风化，黄铁矿就会分解，在岩石上留下引人注目的立方体孔洞。虽然这些孔洞看起来有点超现实——但完全是自然形成的。

---

1 黄铁矿，一种复硫化物矿物，主要成分为 FeS_2，呈浅黄铜色且具有强烈金属光泽，常被人们误认为黄金，故得名"愚人金"。

板岩：一种经过改造的泥岩

图片中的这种岩石在受到构造挤压时，沿着无数平行的劈理面裂开。在与这些劈理面成高角度的方向观察时，可以隐约看到岩石原生层理的痕迹，这些痕迹可以用来识别褶皱构造。（左页图）

板岩的形成

埋藏于地下的泥岩地层，首先会受到横向挤压，形成褶皱，然后片状黏土矿物将垂直于压力方向重新结晶生长，就会形成板岩的劈理面。

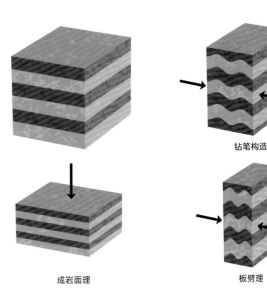

钻笔构造

成岩面理

板劈理

想象一下，如果岩石被卷入造山带的深部，在比板岩的形成深度还要深几千米、温度高一百摄氏度的地方，将会发生什么？在那里，呈片状的黏土矿物开始生长变大，转变为闪亮的云母晶体。岩石也从暗淡的板岩变成了闪亮的千枚岩，并且随着温度和压力的增加，这些岩石还会发生进一步的转变。

造山带的核心：
片岩、片麻岩以及
混合岩

深入一个正在升高的造山带深处——地面以下 10—11 千米，那里温度超过 400℃，岩石的变质作用更为强烈，以至于几乎无法辨识它们曾经的样子。曾经的泥岩依次转变为板岩和千枚岩后，岩石中的云母晶体进一步生长变大，并在重结晶的石英层间定向排列，千枚岩转变为闪闪发光的云母片岩。在某些情况下，岩石中甚至可以长出弹珠大小

的血红色石榴子石晶体；而在此阶段，岩石内几乎所有的化石都已经不复存在。

当温度和压力变得更高时，岩石中的矿物会发生进一步转变。石榴石消失了，高温变质矿物取而代之，如呈十字架形状独特双晶的十字石。在这些温度和压力条件下，其他岩石因其不同的初始化学成分而发生不同方式的变质作用。例如，石灰岩重新结晶，形成大理岩，其内部包含的化石也在这个过程中被破坏；玄武岩则变质成角闪岩，主要由深色矿物角闪石组成。

继续向更深处前行，到达约 16 千米的深处，此处的温度超过 500℃，极端的变质作用持续进行。曾经闪亮的云母片岩中的大多数云母发生分解并转变为长石，与石英一起构成了岩石的主要成分。这里的岩石已经变成片麻岩，由于在碰撞的板块之间受到挤压和剪切变形，它仍然具有可辨的条带状构造。

在这一转变过程中，虽然岩石仍然是固体，但在造山带的中心，约 25 千米深、温度接近 800℃的地方，条件变得更加恶劣。在这里，片麻岩开始熔融，产生成分类似于花岗岩的少量岩浆。这种花岗质岩浆在仍未熔融的片麻岩之间形成薄板，进而构成了一种混合的岩石，即混合岩。

当温度达到最高时，熔融完成，产生的岩浆最终冷却形成花岗岩。至此，完整的岩石循环形成：首先，古老的花岗岩遭受风化，形成泥土；接着，泥土形成泥岩；最后，泥岩通过变质作用依次转变为板岩、片岩和片麻岩，最终熔融形成岩浆，冷却之后再次形成花岗岩。

双晶

这是一种十字石双晶（其他十字石晶体可呈直角相交，形成完美的十字架形状），它在高温高压条件下的变质作用中形成。（左图）

新生长的石榴子石

在大片闪亮的云母和重结晶的石英中间，发育着特别的红色晶体，这是石榴子石云母片岩较为独特的斑状变晶结构。（右图）

具有指示意义的光泽

这块千枚岩卵石的表面具有由微小云母晶体产生的特别光泽。另一个特征是小型褶皱构造，而小的棕色斑块则是黄铁矿晶体的风化遗迹。（左页图）

为了全面了解构造板块拉开的位置，一个显示海洋形状和分布的地球仪就十分必要。不过，如果有一张去掉海水的全球地图，则更加有助于理解。在这样的地图上，年轻的大洋地壳和古老的大陆地壳之间的区别非常明显。不仅如此，地图上还会显示一些新近的发现：由于地壳张裂而在洋盆中间形成的海底山脉，它们与陆地上由于板块碰撞挤压而形成的山脉明显不同。在地壳正在裂开的地方，岩浆持续涌出，形成新的洋底岩石（这些岩石炎热且密度相对较小，因此会不断隆升形成海底山脉）。这些海底山脉被称为洋中脊，它们是板块构造理论的重要组成部分（见第24—25页）。

张裂：
构造板块
分开的地方

上述这种活动大多发生在水下，所以很难直接观察到。但是，我们已经知道这种新形成的岩石（以及所有的大洋地壳）基本上都是玄武岩，它们算得上是地球上成分特别均一的一类岩石。洋底玄武岩与其他类型的玄武岩（例如组成夏威夷等海岛的玄武岩）具有轻微的化学组成差异。在这些海岛上的岩浆会上涌穿过洋壳，而不是从洋壳生长边

大洋地壳形成的地方

这张地图展示了洋中脊的走向，洋中脊几乎都位于海面之下的深处。

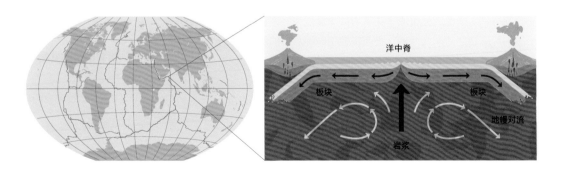

缘直接涌出。这些岩浆有的以枕状熔岩喷发的形式到达海底，有的会侵入地壳的裂缝中形成岩脉群（见第 48—49 页）。

地球上有一个地方，洋中脊主体的一部分上升到海平面以上，展示了构造板块是如何被拉开的，这个地方就是冰岛。随着地幔物质呈柱状（也就是"地幔柱"）从下方缓慢上升，就像一个巨型地下喷泉，冰岛被向上顶起，露出海面。在冰岛，人们可以看到地面被拉开（过去的 1 万年里被拉开了 70 米），形成壮观的峡谷，而频繁喷发的火山则供应了部分岩浆，使冰岛的地壳得以生长。

海底扩张的其他阶段也可以在其他地方观察到。宽度 300 多千米的红海尚处于幼年期。红海每年扩张一厘米，导致阿拉伯板块和非洲板块离得越来越远。海底扩张过程的更早阶段可以在东非大裂谷观察到，它标志着非洲板块破裂的开始。如果地壳持续拉伸下去，索马里将在大约 1000 万年后与非洲其余部分分离。

**冰岛正在
张裂的地方**

岩浆沿着冰岛断裂带上升到地表，形成新的大洋地壳（尽管这里位于海平面以上）。

构造板块的汇聚形成了地球上最壮观的一部分地壳。它们既可以造就地球上的最高点——世界上最高的山脉，又能形成海底的最深处——深度骤然下降的海沟。这些地方出露了数目惊人的岩石种类，以至于地质学家花费了大量时间才弄清楚板块汇聚的基本模式以及对地球的意义。

史诗般的碰撞：构造板块的汇聚之地

板块汇聚的一种类型，是一个大洋板块向另一个大洋板块之下俯冲。例如在马里亚纳群岛以东，太平洋板块正向菲律宾海板块之下俯冲。随着太平洋板块向下俯冲至地幔深处，一个月牙形的岛弧逐渐形成，岛弧东侧是马里亚纳海沟，其中包括了地球最深的地方——挑战者深渊，深入海平面以下 11 千米，是一般海底深度的两倍。它之所以如此之深，一方面是因为俯冲洋壳古老又致密，另一方面是因为与海沟平行发育的马里亚纳群岛很小，不能提供足够的沉积物来充填海沟。马里亚纳群岛本身就是板块俯冲过程的产物。太平洋板块向下俯冲，导致上覆区域岩浆上涌，形成年轻的火山岩。这些火山岩比周围的洋壳玄武岩更富含硅，所以密度较小，远高出周围的大洋海底；事实上，这些岛屿就是一块正在形成的新大陆。

板块汇聚的另一种类型是大洋板块向大陆之下俯冲。一个典型的例子是位于东太平洋的板块向南美大陆之下俯冲，结果形成了安第斯山脉。在俯冲带形成高耸的山脉，一部分是由于大洋板块俯冲施加的作用力使南美洲西部的地壳发生褶皱，另一部分是因为位于太平洋火山、地震和海啸"火环"上的钦博拉索山和科托帕希等大型爆发型火山的生长。

在大陆之间也会发生板块汇聚与碰撞。这种碰撞源于一个大陆板块和一个既有陆壳又有洋壳的板块之间的碰撞。当它们之间的大洋地壳完全俯冲消失时，两个大陆就会发生碰撞。印度板块曾经是冈瓦纳古陆的一部分，当它裂解出来后，向北漂移到达亚洲大陆，两个大陆发生了碰撞，而它们之间的大洋在这个过程中被俯冲消减掉。大约 5000 万年前，印度板块和欧亚大陆开始发生碰撞，到现在它们之间的碰撞仍在持续。这是因为二者密度都比较轻，相互之间无法完全俯冲下去。

板块汇聚处的地貌

地球上高耸的山脉大都位于板块碰撞导致地壳褶皱增厚的地区。在板块持续汇聚的地方，山脉不断隆升，比如图中所示的位于南美洲的火地岛。（左页图）

洋壳的俯冲消减

这张地图展示了马里亚纳海沟的位置，包括海底最深处。正是在这里，太平洋板块向下俯冲至地幔深处。

北马里亚纳群岛（美）

马里亚纳海沟

关岛（美）

菲律宾

密克罗尼西亚联邦

太平洋

印度尼西亚

巴布亚新几内亚

所罗门群岛

东帝汶

在张裂和相互碰撞之外，构造板块也可以有"擦肩而过"的运动形式。即使当它们发生张裂或碰撞时，通常也伴有一定的侧向运动，因此它们会斜着靠近或远离彼此。但是有一些地方的构造板块会直接从彼此身边滑过。最著名的例子是北美洲西部的圣安德烈亚斯断层，它是北美板块（向南移动）与太平洋板块（向北移动）的边界。即便如此，这也不是简单的"走滑"运动，因为两个板块也在互相挤压，导致附近的山脉抬升。它不是简单的地壳断裂，而是包括一系列线状次级断层的复杂断层系统。

向相反的方向：
构造板块走向
滑动的地方

沿着圣安德烈亚斯断层的运动势不可挡，数百万年之后，洛杉矶将滑过旧金山，继续向阿留申地区移动。这两个巨大地块之间的相互运动以突发、剧烈闻名，在没有任何预警的情况下可以产生强烈的地震，比如 1906 年发生的摧毁旧金山的大地震。鉴于其所涉及的能量，这种地震在未来是不可避免的。到目前为止，人们还没有找到准确预测其发生时间和地点的方法。

地震一旦发生，仍会让我们措手不及。

不过，岩石沿着断层的部分运动比较轻缓，缓慢到几乎无法察觉，是一种不具破坏性的蠕滑运动。这种温和的运动是由于断层附近的岩石发生了变化。地震的强大破坏力会导致断层周围的岩石发生破碎和剪切。这个破碎带可以被地下流体渗透，流体缓慢地渗入断层区，将其中的一些成分转变为黏土等黏性矿物，从而改变岩石的化学性质。因此，在这个主断层附近，有一个广泛的弱化区，可以缓慢而安静地释放板块构造的力量。当然，有时在灾难性的地震中这个区域的岩石也会突然发生断裂。

数百万年来，板块边界的这种走滑运动不仅影响了地下的岩石，也对地貌产生巨大影响。更准确地说，它使地貌之间相互滑动。因此，在穿越断层时，山丘和山谷的模式往往发生巨大变化。这甚至影响到了附近的地质景观，使流经断层的河流其上下游两端发生错位。这就是地球动态景观中最吸引人的例子之一。

大地震过后

1906 年的地震和随后发生的大火使旧金山遭受重创。如今，地震仍难以预测和防范——但更好的施工方法可以减少地震对建筑物的破坏。

地壳断裂

圣安德烈亚斯断层系统的一部分，太平洋板块和北美板块正沿着该断层相互滑动。断层带附近的岩石在多次地震释放的力量下被强力粉碎了。（左页图）

岩浆的温度往往超过1000℃，无论是在地球表面还是在地壳深处，它都会以各种方式影响岩石。

热效应：
岩浆的烘烤

流动的玄武岩熔岩烘烤着其下的土壤，将其中的有机物燃烧殆尽。被烧红、压实和硬化的土壤，有时甚至可以发育成垂直的柱状节理，这正是壮观的玄武岩柱状节理的缩小版本。

同样地，岩浆接触岩石时，也可以烘烤它并使其变硬。或者，如果接触的是松散易碎的岩石，如较为湿软的泥岩或砂岩，岩浆巨大的热量会立刻把岩石中的水变成蒸汽，岩石会炸裂并与岩浆碎片混

热接触变质作用的转化

接触变质过程中形成的岩石种类取决于温度、与岩浆接触的原岩类型，以及岩浆体的大小和温度。

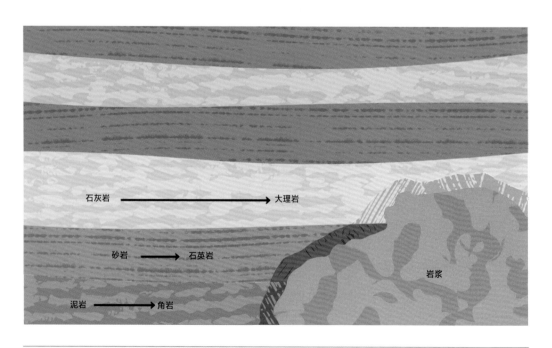

石灰岩 ——————→ 大理岩

砂岩 ——→ 石英岩

泥岩 ——→ 角岩

岩浆

合。当侵入的岩浆以这种"蒸汽爆破"的方式进入岩石时，可以形成厚厚的一层混合物。这些混合物冷却、凝固后所形成的岩石被称为熔积岩[1]。

在地下深处，大型岩浆房最终冷却形成花岗岩或辉长岩等岩体，岩体附近也会形成其他种类的岩石。当然，岩浆房围岩的冷却过程十分缓慢，可历时数千年，足够形成不同种类的新矿物，该过程即为接触变质作用。

具体来说，岩浆房附近形成什么矿物取决于被加热的岩石种类。如果花岗质岩浆遇到深色碳质泥岩，泥岩中就会生长出非常独特的铝硅酸盐矿物——空晶石。它是一种白色晶体，形状、大小都与火柴棒类似，一旦破碎，在其横断面上可以看到一个黑色的十字形区域，那是晶体生长过程中包裹了碳质颗粒所致。如果加热的时间更长，整个泥岩会重新结晶，形成一种被称为角岩的致密岩石。

如果花岗岩侵入体与石灰岩相遇，就会形成矽卡岩，其中的矿物代表了石灰岩和花岗岩的综合化学组成。锡、铜、金、镍等具有经济价值的金属元素，可以通过加热的地下流体在冷却的花岗岩周围循环，进而富集在矽卡岩中，因此这些都是勘探地质学家的重要研究对象。

岩浆烘烤

这张照片拍摄于美国亚利桑那州弗拉格斯塔夫附近的 I-17 号公路，可以看到图中有一层被烘烤过的淡红色土壤层，夹在两块玄武岩熔岩之间。在上覆熔岩掩埋土壤时，其温度约为1100℃，高温使土壤变得干燥，并形成了明显的柱状节理。（左图）

当岩浆遇到湿的岩石

20 多亿年以前，在现在的加拿大安大略省，当岩浆注入浸水的岩石中，产生的蒸汽将岩石炸成碎片，形成一种被称为熔积岩的岩石。（右图）

---

1 peperite，该词源于胡椒的英文 peper，因为给它命名的地质学家认为它看起来有点像粗磨的胡椒。

地球上蕴藏着丰富的矿石，可能比太阳系其他任何行星上都更加丰富多样。形成这些矿藏的因素包括各种各样的岩石、地球内部的热量（包括驱动岩浆房和火山活动的局部热量）以及大量在地底深处炽热岩石间流动的水。

地下热流：
矿脉的形成

白色的石英矿脉，是这种现象最常见和最醒目的标志，在崎岖地带的许多悬崖峭壁上，它们呈之字形出现。

简言之，这些矿脉的形成与岩石在地球深部的"炖煮"以及各种"行星厨房"的加工相关。

其中最简单的一种情况，是大量泥质地层被几千米厚的其他地层所掩埋，尤其是在造山运动中这些地层受到挤压并转化为板岩的情况下（见第98—99页）。强烈的挤压会排出岩石中含有溶解矿物质（比如二氧化硅）的流体。这些流体随后向上移动到岩石中相对低温、低压的区域，最终进入岩石的裂隙和裂缝之中。在那里，二氧化硅结晶形成石英，由于无数的气泡被困在不断生长的石英晶体中，石英因此通常呈现不透明的乳白色。流体进入裂隙时，压力会骤然降低，这些流体很容易沸腾，许多矿物就在这种沸腾过程中形成。

除了二氧化硅，这些被挤压出来的热液流体还会带有钡、铜、铅、锌、锡、金等金属，尽管这些金属在泥质原岩中含量很低。而在一些矿脉中，这些元素会随着重晶石、黄铜矿、方铅矿和锌闪矿等金属矿物以及其他晶体的形成而强烈富集，但金元素只会以单质的形式形成晶体和金块。因此，这些矿脉蕴藏着人类在开始使用金属时就已经意识到的财富。但是，要想获取它们并不容易。

火山以及地下岩浆房代表着另一种类型的"炖煮"。岩浆不仅带来丰富的化学混合物，而且还是地热的来源，可以在整个系统冷却之前提供可以持续几千年的地热资源。这些热量使富含矿物质的热液在运移到地表的过程中形成矿脉，并以温泉和间歇泉的形式出现在地表。随着热液的上升，寒冷的雨水从地表渗流至火山之下的区域，相应地，也会被加热、向上运移并携带矿物质。

矿脉到达地表

含有矿物质的热水从地下深处到达地表时，可以形成如冰岛赫韦里尔那样壮观的温泉。矿物也可以在这种环境中沉淀出来。（右页图）

　　　　　变质作用和构造运动

地质学家所在的棕色厚层砂岩突然在照片中央消失了——它已经沿着切穿它的一个近乎垂直的断层面发生了位移。地质学家的任务之一就是在断层面的另一侧找到这个砂岩层，进而确定断层位移的大小和方向。

　　即使在普遍隆升的山区，复杂的构造应力模式也可能意味着一些地区正在下沉，而附近的其他地区却在上升。例如，死谷就是一个正在下陷的地壳（即地堑），而它两侧的山脉却在隆升。平缓的地面与两侧的陡峭山峦形成鲜明对比，标示了断层所在的位置，地壳运动正在沿着这些断层进行。我们还可以观察到，从两侧山上剥蚀下来的沉积物冲入峡谷形成冲积扇，并延伸到谷底之下很深的地方。

　　在山区，人们经常能通过陡坡和地形倾角来追踪倾斜地层的走向，即使在大部分岩石被土壤和植被覆盖的地区，这种方法也能适用。这种地貌可以显示地层倾斜的方向，通过在乡间大范围的追踪，人们便可以重建地层褶皱构造的形状和规模（见第37页）。

　　同样，断层构造也可以在这种地貌中被追踪到。陡峭的山脊往往是坚硬沉积岩层的标志，根据它们突然在哪里消失，可以推测出断层的位置。因为该岩层原本应该延伸至此的露头已被构造断层错断到其他地方去了。调查这一地貌的地质学家试图在断层面的另一侧找寻这一特定的岩层，来确定它沿断层面移动的方向和距离。为揭示地壳活动历史，这些正是需要开展调查工作的一部分。

死谷的地壳运动

山谷两侧的山脉正在隆升，并不断遭受侵蚀。山谷本身也在发生构造沉降，并被来自山区的沉积物进一步充填。（左页图）

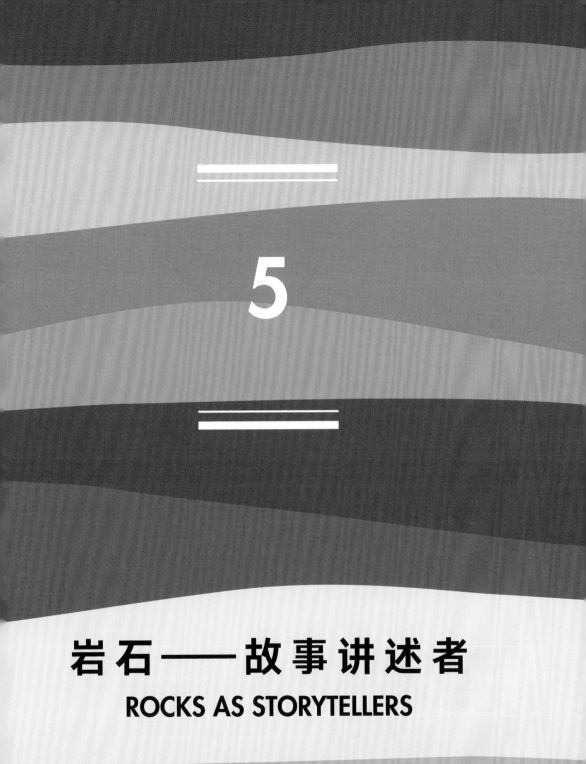

5

岩石——故事讲述者

ROCKS AS STORYTELLERS

世界上最古老的岩石

加拿大的阿卡斯塔片麻岩，有 40 多亿年的历史，是地球上迄今为止发现的最古老的岩石。在其存在的数十亿年间，已被地下深处的热量和压力严重改造，因此几乎没有线索表明其最初的形成条件。

地球最初的5亿年是一个谜。因为尚未发现当时留下的任何岩石，所以当人们试图找出地球最早期的特征时，几乎未获得任何依据。这一时期被称为冥古宙，对于像人类这样脆弱的呼吸氧气的动物来说，那时的地球在许多方面确实宛如炼狱。关于地球形成之前的线索，我们必须求助于来自外太空的访客——陨石，因为它们是行星形成过程中留下的碎片。稍后我们将探讨它们所代表的内容（见第180—181页），但现在让我们简单留意下它们的计时特性：最古老的陨石可以追溯到45.67亿年前，这与地球开始形成的时间相近。

时间长河的幸存者：最古老的岩石

虽然目前还未发现早期地球的岩石，但是我们已经发现了一些来自那个时期的矿物。它们由微小的锆石晶体组成，年龄超过 40 亿年（其中最古老的是 44 亿年）。它们是古老岩石的遗迹，大约 30 亿年前这些岩石被侵蚀成沙质沉积物，后来成为澳大利亚杰克山的硬砂岩露头。这些微小的冥古宙幸存者告诉了我们什么？其中的化学组成表明，当时的地球有某种形式的地壳且表面有水。这至少让我们对地球的幼年期有了一些了解。

那么今天已知最古老的岩石是什么呢？目前是来自加拿大的阿卡斯塔片麻岩。它最初是形成于 40 多亿年前的花岗岩，由于强大构造力量的破坏，原来的特征已所剩无几。尽管如此，它仍然是原始地球的见证者。

地球上的岩石记录大多在神秘的冥古宙晚期和太古宙初期才开始出现。在格陵兰岛的伊苏亚绿岩带，存在着具有 38 亿年历史的沉积岩。这些岩石同样也受到了高温与高压的改造，但我们仍然能根据它们来描述地球当时的原始景观。当时的地球气候温暖，也许有一些炎热。因为空气中缺少氧气，没有东西能在那片土地上氧化生锈。那时不仅有流动的河流，还有海洋。或许当时还有微生物形式的生命（尽管生命存在的证据还有争议）。不久之后，令人信服的生命线索出现了，同时也有证据表明这些生命是如何塑造地球的。

远古景观

在这张卫星图像上可以看到澳大利亚杰克山的岩石，它们大约有 30 亿年的历史。其中一些岩石中包含的锆石矿物沙粒，是从更古老的地体上剥蚀下来的。这些矿物的形成可追溯至 44 亿年前，是在地球上形成的迄今为止发现的最古老的矿物。

一些真实证据表明，40亿至30亿年前太古宙早期的年轻地球与我们今天生活的星球非常不同。当时地球内部深处的温度比如今高几百度，且因为当时地球内部有更高的放射性，从而保留了更多由众多小行星和微行星碰撞产生的热量。

炽热的地球：来自太古宙岩石的证据

这些巨大的地球内部热量产生的一个影响，便是当时的地球会喷发出与今天不同的岩浆。其中一种独特的岩石是科马提岩（以南非的科马提河命名），它是太古宙很常见的岩石，而在太古宙之后却很少形成。其化学成分中镁异常富集，意味着它会在非常高的温度（大约1600℃）下喷发，明显高于一般玄武岩岩浆1200℃的喷发温度。这种高温熔岩流动性强，几乎可以像水一样在地面上快速流动，形成薄而炽热的岩席。随着流动的熔岩冷却，巨大的板状晶体迅速生长，岩石呈现出鬣刺草般令人惊叹的外观[1]。

一个内部温度比现在高得多的地球，它作为一颗行星的运行方式必然与现在不同。人们认为，与今天的板块构造学说不同，早期地球的地壳可能没有分裂成许多独立的板块，每一块也并没有朝不同方向运动。

然而，这个年轻的地球一定找到了另一种释放内部热量的方式——或

岩石——故事讲述者

一个不同的星球

非常早期的地球具有更高的热量，其结构与今天我们所熟知的地球完全不同，地壳可能没有分裂开来的构造板块，而是"一整块"地壳。

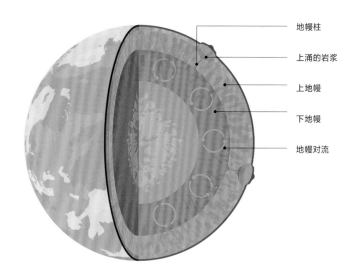

- 地幔柱
- 上涌的岩浆
- 上地幔
- 下地幔
- 地幔对流

许是通过向上穿透整块地壳的"热管"喷出岩浆。如果没有板块构造，或另一个版本的解释，那么在构造板块滑入地幔的位置上方就不会形成早期大陆（见第104—105页）。太古宙时期保存下来的岩石，包括花岗岩类岩石，以及贯穿其间的玄武岩质的"绿岩带"。这些花岗岩岩体也许是现代大陆的前身，可能只是玄武质岩浆分异的产物，而绿岩则可能是某种形式的早期大洋地壳。

更为炽热的地球可能还带来了一些令人惊讶的后果。目前，至少有与一个大洋相当的水溶解在地幔岩石中。但是较热的地幔比较冷的地幔可容纳的水量更少，释放过量水的唯一办法是将多余的水分排出并释放到地表。如此一来，太古宙地球的海洋会比当今海洋所含的水量更多，所以太古宙地球可能更像一个水球：大部分地表被水淹没，只有地势最高的部分成为干燥的陆地。这也暗示着地球并不是一个一成不变的星球，而是一个不断演化的星球。

炽热星球的遗迹

这些科马提岩的样本来自南非，年龄大约为35亿年，其形成时的岩浆喷发温度比今天的岩浆更高。左边的样本已经被现在富含氧气的大气风化，右边的样本则显示了该熔岩的特征——快速生长的巨大鬣刺草状晶体。（左页图）

---

1 即鬣刺结构，是橄榄石或辉石呈细长的锯齿状晶体或骸晶，以树枝状、放射状、交织状、蘑菇状、花瓣状或者近于平行地丛生，是高镁熔体快速结晶的产物。

虽然微生物又小又软，不容易成为化石，但它们仍然可以在岩石中留下存在的痕迹。过去地质学家常常惊叹于岩石中那些层层叠叠、形似土丘的构造，它们往往出现在年代久远的岩石中，其中缺少我们所熟悉的动物或植物化石。最终人们意识到，这些奇怪的层状构造是叠层石，由黏性的微生物席吸附沉积物，一层一层地堆叠形成。

微生物结构：
叠层石

最古老的微生物叠层石有 34 亿年的历史，发现于澳大利亚珀斯附近的斯特雷利池的岩石中。

它们呈现各种各样的形状——有的看起来类似鸡蛋盒，有的像土堆或圆柱。这些叠层石可能代表不同形式的微生物群落，是地球历史大部分时间中存在的唯一生命形式。

今天，叠层石很少见，因为在正常的海底，这种脆弱的沉积层很快就会被穴居动物或食草动物（如腹足类和海胆）破坏。但是，在澳大利亚的沙克湾却有很好的现代叠层石实例，那里的海岸干燥、炎热，海水很咸，以至于这些动物无法生存。微生物席可以不受干扰地生长，堆积起令人印象深刻的柱状叠层石。看着它们就像穿越到了太古宙时期的海岸。

识别真正的微生物叠层石并不总是容易的，因为纯化学或沉积过程也

古代叠层石

这是叠层石典型的弯曲层状构造。需要注意的是，并非所有弯曲的沉积层都是叠层石，识别这种微生物岩需要技巧和经验。

可以产生类似的层状构造。但是，在 34 亿年前的斯特雷利池的岩石中，离发现叠层石不远的地方，也发现了微生物的微观化石。这些纤弱的微生物细胞被埋在太古宙海底的一种细软的硅质泥中。软泥层后来硬化成硅质岩，其中仍然含有微生物的轮廓：一些呈单独的球体，另一些则呈长链状或细丝状。

在有些地方，即使微生物没有形成叠层石，这些菌席的黏性，也可以将沙子这种松散的沉积物颗粒黏结在一起。当水流经过微生物黏合的沙粒表面时，单个颗粒就不会轻易被水卷走；但水会拉扯黏性沙层，使其起皱。即使微生物本身早已腐烂，这种褶皱构造仍可以保存在岩层中，黏性微生物席的黏结作用就此得以保存。

在大约 30 亿年的时间——地球历史的大部分时间里，这样的构造可能是丰富而庞大的微生物生命在岩石中唯一的物理遗迹，而我们所熟悉的贝壳和骨头等化石则出现得晚得多（见第 128—129 页）。尽管如此，这种"简单"的早期生命仍然对地球及岩石产生了巨大的影响。

现代叠层石

在澳大利亚沙克湾的海水中，由于盐度过高，常见的海岸动物无法在此定居，微生物群落得以形成壮观的叠层石结构，重现了前寒武纪的海洋景观。

沉积铁建造露头

澳大利亚哈默斯利峡谷的厚层条带状沉积铁建造，显示了 26 亿年前海洋中铁的大规模沉积。

氧气在地球上的作用有些奇怪，且似乎是矛盾的。氧是地壳中最常见的元素，构成了大多数常见的造岩矿物（例如石英是 SiO_2）。但是，在地球历史的最初20亿年里，大气中几乎没有氧气，这是因为单质气体的化学反应性很强，能迅速形成新的化合物。

大气层的变化：
氧的转化

在早期的地球上没有自由氧，海洋很快就被溶解的铁填满，海水有毒且富含铁，就像今天在古老的地下矿井中发现的水一样。大约 37 亿年前，这些铁开始沉淀到海底，形成巨大的富含铁的地层：条带状铁建造。它们看起来引人注目，鲜红色的氧化铁薄层被白色的富二氧化硅层隔开。直到今天，它们还是地球上最重要的铁矿石——几乎所有我们使用的铁都来自它们。这些富铁地层可能是在微生物的帮助下形成的，可能是利用了一种早期的光合作用，该过程不向大气中释放游离氧，而是将其与海洋中的铁结合在一起。

到了大约 25 亿年前，氧气在大气中积累的第一个真正标志出现，反映在地球表面形成的沉积物的颜色变化以及其中所含矿物的类型上。氧气进入大气之前，沉积物沙里可能含有黄铁矿（愚人金）等矿物颗粒。然而，氧气出现时，会通过化学方式腐蚀黄铁矿和其他类似的活性矿物，并将它们变成氧化铁和氢氧化铁——也就是生锈。这种锈蚀作用会把整个景观从灰色和绿色的色调转变成红色、棕色和橙色的调色板。这种转变现在被视为地层中含有大量的锈蚀矿物的"红层"的出现。从那时起，"红层"就已成为地球沉积记录的重要组成部分。

　　大气和海洋中自由氧的出现给地球带来了巨大的变化，导致了一场"氧气灾难"。当时大多数微生物都无法忍受这种强烈的反应性气体——就像氯气对今天的人类有毒一样。这些古老的微生物撤退到无氧的避难所，比如积水的沼泽或地下深处。然而，其他微生物通过进化来应对这种更有活力的、新的化学物质：最终，形成了我们今天所看到的这些呼吸氧气的复杂生命，并以它们自己的方式继续改变岩石。

地层中的氧信号

美国俄勒冈州约翰·戴国家纪念碑公园的红色带是形成于大约 3000 万年前的土壤化石，是当时大气中的氧气将土壤表面的铁矿物变成铁锈的证据。像这样的地层第一次广泛出现在地球上是在 25 亿年前，当时的大气开始变得富含氧气。

直到地球历史最近的八分之一时间中，我们现在所熟悉的所有主要动物种群——腹足类、蠕虫、软体动物等——才一一出现。它们迅速主宰了海洋，后来又出现在陆地上，并在岩层中留下了丰富的化石遗迹。对于早期的地质学家来说，在研究了大量缺乏或缺失化石的古老岩石后，这种富含化石的岩石的突然出现是如此引人注目，以至于他们将这个事件称为"寒武纪大爆发"（用来标志寒武纪的开始）。经过进一步研究，我们清楚地发现，复杂多细胞生命形式的出现实际上并不是突然的，而是一次开始于大约5.5亿年前并且持续了约3000万年的进化史上的爆发。然而，这次生命爆发也给我们星球带来了另一个巨大变化——岩石的性质发生了改变。

自然之力：
动物如何改变
地球的地质

其中一个是沉积地层的性质发生了变化。许多新进化的动物肌肉发达，机动性强，通常会为了猎杀或者逃离追捕而移动。当它们移动时，要么在海床上行走或爬行，要么蠕动着潜入海底。结果，它们穿过并搅动了海底的沉积物，而在这些动物出现前海底沉积物基本没受到过干扰，或者只是被海浪和洋流搅动，形成波纹

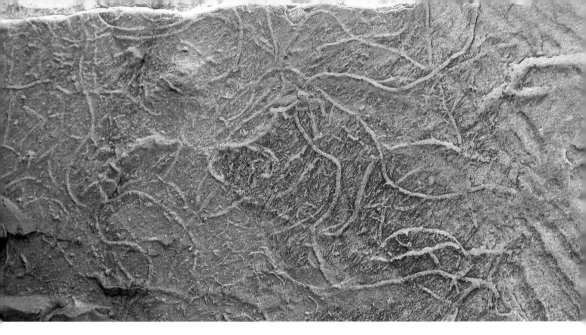

和沙丘等构造（见第 80—81 页）而已。这些生物干扰是全新的，并在地层中产生了一组全新的痕迹：足印、爬行痕、潜穴——有时搅动如此强烈，以至于将原始的沉积层完全混合，地质学家称之为生物扰动。在 5.5 亿年以前的地层中，这几乎完全不存在，此后却非常丰富。

其中许多动物进化出了骨骼，通常由碳酸钙或磷酸钙构成，用于防御、攻击，或者只是作为肌肉的框架。这些坚硬的骨骼一旦被埋在沉积层中，就可能作为明显的复杂化石保存下来——成为过去 5 亿年间所形成岩层的关键标志物。如果有足够多的骨骼堆积，这些骨骼就能独自形成岩层的大部分甚至全部，如贝壳灰岩以及一些不太常见的骨骼化石地层（见第 90—91 页）。石化的植物也可以有骨架，也可以独自形成岩层（见第 138—139 页），但说到堆积如山的动物骨架，其中最大、最壮观的例子就是珊瑚礁。

这些新型沉积岩是如此独特，以至于这个时间段被赋予了"宙"这个最大的地质时间单位：显生宙，其中寒武纪是显生宙的第一个地质时期（虽然寒武纪早已结束，但我们至今仍然生活在显生宙）。

痕迹化石

蠕虫和其他动物在古代海底爬行时留下的化石痕迹，保存在砂岩基底中。

早期动物留下的印记

三叶虫（左）和腕足动物（右）是"寒武纪大爆发"时期出现的动物。它们的化石遗骸（以及三叶虫行走和挖掘活动的痕迹）是这一时期形成的岩层的标志。（左页图）

珊瑚岩

红海边的这片珊瑚化石群，有助于形成珊瑚礁的石灰岩基底。

对水手来说，暗礁是海岸线附近的一系列危险的岩石，在那里可能会发生沉船事故。而对生物学家来说，珊瑚礁呈现了一个奇妙多样的生态系统，它们为其他令人眼花缭乱的众多生物提供了结构和庇护所。然而，对于地质学家来说，珊瑚礁就是由造礁生物产生的岩石单元，在地质历史中有时规模巨大。

多样性遗址：古老的珊瑚礁

查尔斯·达尔文（Charles Darwin）在乘坐小猎犬号（Beagle）进行环球航行时看到了这一点，并对像珊瑚这样柔软透明的动物是如何随着一代又一代的骨骼堆积而形成巨大的石灰岩而惊叹。虽然珊瑚骨骼作为一种"超级骨架"提供了主要的珊瑚礁结构，但许多其他生物的骨骼，如双壳类、腹足类，以及钙质藻类这种"活的岩石"，也加入这种结构的构造中来。

达尔文还敏锐地发现，珊瑚礁岩石可以延伸数千千米，变得非常厚，形成巨大的礁灰岩山脉。他对奇怪的环状珊瑚环礁感到困惑，并发现它们是围绕在一座火山岛屿周围开始生长的。然后，随着地质年代的推移，火山缓慢下沉，而珊瑚则在阳光明媚的浅水中继续生长并繁盛。最后，火山完全被淹没，只在海面上留下一圈珊瑚。多年后，当人们在一个环礁上进行钻探时，达尔文的观点被证实，钻探发现的珊瑚礁灰岩超过一千米厚，直达被埋藏着的古老火山。

如今，珊瑚是主要的造礁生物（尽管形成珊瑚礁前缘的是在海浪冲击中保存更持久的珊瑚藻类）。而在地质时代早期，是其他动物建造了礁石，并形成不同种类的礁灰岩。在 5 亿多年前的寒武纪，一种被称为古杯类（现已灭绝）的花瓶状生物，在海底建造了小型礁体。大约 4 亿年前的泥盆纪时期，存在着巨大的珊瑚礁，海绵是当时的重要造礁生物。还有一些最奇异的礁体，形成于 1 亿年前恐龙生活的白垩纪时期。它们由一种叫作固着蛤（rudists）的双壳类形成，这些动物当时已经进化成管状，在海底聚集生长，形成礁体结构。所有这些礁体类型都由不同的生物构建起来，形成了复杂的珊瑚礁生态系统和礁灰岩。

珊瑚礁是一种脆弱的生态系统，在整个地质历史中时盛时衰，有时会因为环境条件变得过于恶劣（通常由气候变化引起）而在数百万年的时间里完全消失，形成所谓的"珊瑚礁间隙"。如今，珊瑚礁再次受到了人为造成的全球变暖的威胁。

珊瑚礁的解剖结构

珊瑚礁的每个区域都有自己独特的生物群落，这一点可以在古代礁灰岩的地层模型上观察到。

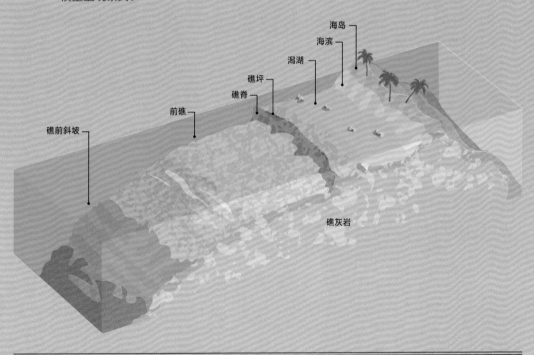

海岛

海滨

潟湖

礁坪

礁脊

前礁

礁前斜坡

礁灰岩

在地球历史的很长时间里，大部分陆地都是沙漠，在这些生态系统里没有森林、草地或深层土壤。而在地球表面变绿之后（见第138—139页），沙漠退到了不毛之地，主要是严酷的亚热带干旱地区，与今天的撒哈拉沙漠类似。

沙漠景观：沙丘、闪电熔岩和盐岩

最典型的沙漠地层是巨大沙丘的石化遗迹，它们以风成交错层理的形式被保存下来（见第80—81页）。只有在极少数情况下，高达数米的整座沙丘能被完全保存，比如在火山爆发时厚厚的岩浆将其整体覆盖。然而通常情况下，在被更多的沙子掩埋之前，沙丘的顶部就已被吹走，仅留下沙丘底部，其层理的倾向会暴露沙丘形成时的古代风向。

科罗拉多高原上形成于侏罗纪时代的纳瓦霍砂岩就是一个很好的例子。

沙粒本身的形状在穿越古老沙漠的旅途中被塑造，经过无数次相互碰撞，它们的表面变得浑圆且无光泽；沙粒大小分选较好，泥土和云母片等杂质已被风吹干净。有时，人们会在沙子里发现一些细小的垂直圆柱状的熔融二氧化硅，这是在雷暴中形成的闪电熔岩。

在这些炎热干旱的地区，雨季形成的湖泊和内海很快干涸，留下不同种类的盐层，包括石膏、氯化钠（即通常所说的盐）、苦湖的硫酸钠以及浓缩卤水中的氯化钾和氯化镁。沙漠中干涸的湖泊沉积物经常出现这种盐层，其明亮的白色与湖泊泥岩的红色形成鲜明对比。

在更大的范围内，世界干旱地区的整个封闭海洋都可能干涸，留下巨大的沉积盐层，或"盐巨人"。一个典型的例子发生在中新世，当时整个地中海都干涸了。目前海洋深处的地层中，有 2 千米厚的墨西拿阶 [1] 沉积盐层，这是由 50 万年来海水多次填允和干涸所形成。仅这一事件的岩盐沉积就锁住了足以让世界海洋盐度减少 5% 的盐分！在西班牙等地，一些盐层已经被抬升到地表，形如壮观的石膏"森林"。

厚厚的盐层非常柔软且密度低；当被数万亿吨的上覆岩石往下压时，盐层可以冲破岩石顶部，形成巨大的柱状体，缓慢地向上流动，刺穿并推开上覆地层。这些盐丘显示出地下岩层的活力。

---

1 Messinian Stage，724.6 万至 533.3 万年前。

古老的沙漠沙丘

这些在科罗拉多高原发现的纳瓦霍砂岩，是 1.9 亿年前侏罗纪时期覆盖北美中西部部分地区的风成沙丘留下的石化遗迹。地层的形状代表着这些古老沙丘的生长和迁移方式。（左页图）

雷击化石

照片中间的黑色结构是闪电熔岩，其组成是融化的沙粒，是 3 亿年前在沙漠中被闪电击中而产生的。

自从40多亿年前我们的星球开始降温，雨水在陆地表面积聚，此后河流就一直在地球上流动着。然而，河流的意义远不止于河道中水流的流动：河水携带的沉积物也可以形成类型独特的岩石。甚至在海底也有河流在流动，并形成地层。

水的运输：
河流如何分选
沉积物

　　自从植被遍布陆地，河流的流动模式已发生显著改变，但我们仍然可以看到一些常见于早期地球的古老河流类型。它们大多出现在现代的沙漠以及冰川覆盖的山区和极地地区。在这些地区，不断移动的沙砾堤岸将河水分隔成许多不断变化的浅河道。在19世纪的美国，前往西部的淘金者们不得不小心翼翼地穿过一些峡谷，他们沮丧地将这类河流描述为"一英尺深，一英里宽"。这类河流被称为"辫状河"，在一些古老的地层中仍能见到它们形成的条带状岩层，以及被流水整齐地堆叠在一起的鹅卵石。

今天，人们最熟悉的河流只有一条主河道，这是一种让水流穿过大多数地貌的有效方式，在这些地貌中，厚厚的土壤由无数植物根须维系着。随着时间的推移，这些曲流河的河道通常会在广阔的河漫滩上发生迁移。在这个过程中，河流会留下一层沉积物，其底部通常是砾石（来自河道底部），向上是平缓的倾斜沙层（来自曲流河弯道内侧的沙洲），顶部是泥浆（来自河漫滩上溢出的洪水）。3.5 亿年前地球表面开始变绿之后，这种河流沉积的岩石地层模式才开始在地球上变得常见，但也会出现在意想不到的地方，比如火星（见第 194—195 页）。

海底流动的河流通常是现今河流向海底的延伸，但二者的流动模式有所不同。在离河口不远的近海，大量的河流沉积物慢慢堆积在海底。这些沉积物会在风暴或地震的作用下突然变得不稳定，引发浊流，然后在重力的作用下向下流动，最终在深海海底形成一层浊流沉积物（见第 86—87页）。浊流的流动可以在海底峡谷中进行，也可以沿着平坦的深海海底形成蜿蜒的通道。这些惊人的海底河流所形成的地层可以通过现代海底声呐探测到，而古代的例子在造山带的岩层中也可以找到。

蜿蜒的密西西比河

密西西比河是一条典型的曲流河，随着时间的推移，它的河道位置发生了变化。黄线是阿肯色州和密西西比州的边界，它是沿着河流曾经的位置绘制的。

河道迷宫

冰岛的杰古古尔斯克维斯尔河是一个典型的现代辫状河，有许多不断变换的河道。来自这类河流的沙砾石地层在地质记录中很常见。（左页图）

今天陆地和海洋的格局似乎是永恒不变的；对于经历了许多世代的人类来说，岛屿和大陆的形状也基本保持不变。但是，如果回到更久远的过去，人们就会发现海岸线曾发生过巨大的变化。2万年前，最后一个冰河时代达到顶峰，地球上冰盖扩张，海洋中的大量海水结冰，导致海平面比现在低130米。西伯利亚与阿拉斯加和美洲之间的海洋干涸，陆地露出地表，人类和动物可以从其间通过；而在欧洲，人们曾经的居住地现已在北海的海面之下。

古老的海岸线：它们是如何变化的

继续往前追溯，海平面上升或下降，地壳抬升或下沉，以及陆地本身受到板块运动的影响，在地球上的位置发生变化，这些都令海岸线不断发生变化。在我们周围的岩石中可以看到这些变化的大量证据：现在的大部分陆地都是由形成于海底的地层组成，其中含有无数海洋动物的化石。

这些变化最深刻的表现之一是山脉被侵蚀，顶部被磨平，年轻的地层在侵蚀面之上沉积。地层之间的侵蚀平面被称为不整合面，代表着一个可

能有数亿年之久的沉积间断。18 世纪的学者赫顿第一次感受到地质历史的悠久，其关键便是识别出位于苏格兰的不整合现象。赫顿意识到，岩石之间的这种接触意味着，必定有足够的时间让山脉隆升，之后逐渐受到侵蚀，然后又被新的地层埋藏，而这些地层随后又被抬升，形成了新的地貌。

地球上的地质记录已识别出许多不整合面，其中一个值得注意的便是形成于 5 亿年前的"大不整合面"（Great Unconformity）。或许是由于当时全球性的冰川作用，古老的地貌遭受强烈侵蚀，后来被浅海沉积的砂岩层所覆盖，形成浅海海底，最终成为"大不整合面"。

然而，并非所有陆地和海洋之间的转变都如此突然。在松软的低洼地区，如果海平面逐渐升高，海相地层就会覆盖在之前形成的陆地沉积层上。大不列颠岛南部就有一个很好的实例，那里记录了侏罗纪时期的海水向三叠纪之前形成的河流地貌和沿海平原推进的过程。从下到上我们可以看到惊人的岩层变化——从陆地上形成的红色泥岩，到浅色的潟湖泥岩，再到充满菊石等海洋化石的深色泥岩。

赫顿不整合面

在苏格兰的西卡角，赫顿发现了平缓倾斜的红色砂岩层覆盖在接近垂直的古老地层的侵蚀面之上，两组岩层的差异让他意识到，一定是漫长的沉积间断将这两组岩石分开了。

沿岸的变化

当海平面下降时（或者更常见的是，当部分地壳上升时），海滩和悬崖就会被抬升到海水无法触及的地方，而新的悬崖和海滩会在更靠近海的地方开始形成。（左页图）

微生物出现30亿年之后，距离寒武纪生命大爆发也过去了1亿多年（见第128—129页），种类繁多的大型复杂动物已经主宰了海洋，此时在陆地上，开始出现生命。然而，与海洋稳定且宜居的环境相比，陆地的环境恶劣，不仅温度波动巨大，还过于干燥。生命适应这些挑战需要很长时间，为了使其更适宜居住，陆地本身也需要重塑。而在这个过程中，植物是关键。

植物的大爆发：
陆地的绿化

在4.3亿年前的河相沉积地层（见第134—135页）中，可以看到最早的绿色枝条，它们的化石遗迹现在看起来只有火柴棍宽、几厘米长，薄薄一层像碳化的线条。它们只是嫩枝，是孢子很少的细长茎枝，来自一种叫作顶囊蕨（Cooksonia）的植物，这种植物可能只生活在湖泊和河流附近潮湿、隐蔽的地方。

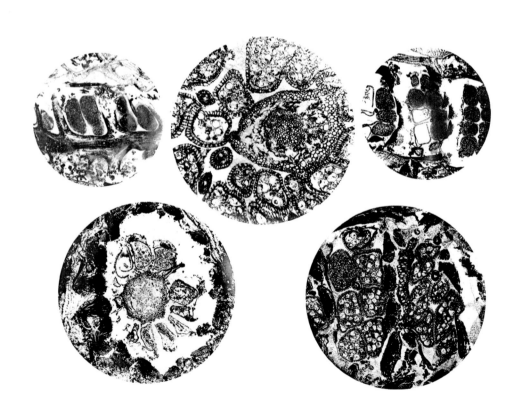

接下来的 1 亿年里，从泥盆纪到石炭纪，这些陆相地层中开始出现越来越复杂的植物，它们在这期间进化出了更好的适应陆地的方式，并在陆地上更广泛地传播。植物进化出了根系、树枝、叶子、种子、传导水分的管状组织，以及防止水分流失的坚硬外层组织也逐步出现了。

到了石炭纪中期，植物生长得很高大，巨大的楔叶类、蕨类和针叶类植物形成了茂密的森林。一次地质灾害导致许多这样的森林被埋藏而得以保存，由此出现了一种由植物化石组成的新型岩石：煤。煤在形成过程中从空气中吸收了大量的碳，并将其埋藏到地下，这导致全球气候变冷，开启了长达 5000 万年的冰河时代，当时南美洲和非洲南部（即当时的南极）形成了巨大的冰盖。人类现在燃烧这些煤将碳排放回到空气中，这个过程正在逆转并导致气候变暖。

新的植物生命（即陆生植物）的出现是地球生物圈的巨大扩张，这一扩张一直延续到今天（如果按重量计算，地球上的生命中森林的重量占比最大）。这些植物不仅生活在陆地表面，还重新改造了陆地环境。它们的根系将地表沉积物结合在一起，腐烂的残骸则为其施肥，使其形成肥沃的土壤。如此一来，植被还改变了河流的流动方式（见第 134—135 页）。

植物在陆地上的散播为动物提供了食物、庇护所和广阔的生存空间——动物得以迁移到陆地上并定居。动物向陆地的入侵紧随植物的登陆，以至于二者在岩石地层记录中几乎同步，小型无脊椎动物和奇异的盾皮鱼广泛分布在泥盆纪时期的河流和湖泊中。石炭纪时期煤沼演化的同时，两栖动物和第一批爬行动物也开始登上陆地，同时还有翼展可达 60 厘米的蜻蜓以及体长 2 米的千足虫。岩石记录并展示了地球变化的这些惊人证据。

肺鱼先驱

这种肺鱼是动植物入侵陆地的一部分。3.9 亿年前，它们生活在现位于苏格兰凯斯内斯的一个大湖里。湖的表层水富含氧气，让这些肺鱼和其他早期鱼类得以繁衍生息，而湖底则纹丝不动，这有助于它们死后的遗骸变成化石。

保存完好的植物

煤层中可能有保存完好的植物，这些植物在死后不久便被碳酸钙自然充填。这些显微图像显示了从这种特别的化石材料中可以看到的细胞细节。（左页图）

海洋可以以不同的方式消亡。生活在其中的动植物很容易灭绝，其中最常见的原因是缺氧。这通常发生在地球气候过热时，海洋环流减缓或停止，氧气不再被输送到海洋深处。在地球历史上曾发生过很多次这样的"海洋缺氧事件"，有些是全球性的，甚至会波及浅水区。在2.5亿年前的二叠纪末期，海洋缺氧事件发生，伴有大规模的生物灭绝，当时地球上大约95%的物种都灭绝了。在这些事件中形成的岩石通常呈深色，富集腐烂的有机碳，与周围的岩石形成鲜明对比。讽刺的是，这些富含有机质的深色泥岩产出了石油和天然气，正是通过燃烧它们，我们正在引发另一场全球变暖和海洋缺氧危机。

海洋的灾难：
当海洋消亡时

海洋——或其中一个孤立洋盆——也会因蒸发而消亡，就像500—600万年前的地中海那样（见第133页）。不过，水还会回来，就像气候变冷时，海洋循环重新开始，氧气可以回到缺氧的海洋中一样。

但是让一个洋盆永久消失的方法是从物理上移除海底及其下面的洋壳岩石。而在板块构造的作用下（见第 24—25 页），这个过程一直在稳定且势不可挡地进行着。

地中海是一个典型的濒临消亡的海洋。它是特提斯洋萎缩后的遗迹，这个巨大的海洋曾经有数千千米宽。特提斯洋被夹在相互碰撞的非洲大陆和欧亚大陆之间，就像被夹在一个巨大的虎钳里一样，洋壳被挤进地幔。这种碰撞的一个结果是形成了阿尔卑斯山脉。然而，正在进行的大陆碰撞是凌乱的，并非所有的洋壳都被俯冲到地幔中，有部分碎片剥离下来并被推覆到陆地上。这些拆离下来的大洋地壳岩石被称为蛇绿岩，主要由洋底玄武岩组成，同时伴有一些火成岩脉的侵入，在阿曼和塞浦路斯就有很好的例子，它们现在位于陆地上，高耸且干燥，易于开展研究。

陆地上的许多地方都有着已消失海洋的标志和遗迹。曾存在于 5 亿年前的亚皮特斯海的遗迹，可以从欧洲一直延伸到北美。它从现今大不列颠岛的英格兰和苏格兰之间穿过，并经过纽芬兰进入现在的阿巴拉契亚山脉。在这些地方，我们沿着山坡可以找到从洋壳剥离下来并堆叠到一起的深海地层岩片，它们含有化石，可以帮助描绘这个古老的海洋。

明亮的条纹揭示古代海底氧气的存在

这些薄薄的浅色条纹区域是 4.2 亿年前志留纪时期的海底沉积的泥层的顶部，这些顶部的软泥与其上含氧的海水发生反应，失去了部分碳而颜色变浅。它们让人们对那个时期的含氧海底有了更深入的了解——仔细观察，还会发现另外的含氧证据，比如其中存在的小动物的洞穴。

氧危机地层

这块明亮的白色岩石是白垩纪时期的白垩，由大约一亿年前富含动物生命的海底软泥转变而来。深色层代表海底缺氧的几千年时间，当时这里的动物灭绝了。
（左页图）

与地球形成早期相比，现在很少有小行星撞击地球。大多数早期地球遭受猛烈撞击的痕迹要么被构造运动破坏，要么被侵蚀殆尽。但是，月球上仍然保留着早期巨大撞击产生的痕迹，所以陨石撞击的规模可以通过观察月球破碎的表面来估算。陨石撞击对地球的破坏肯定更大：地球的质量更大，会吸引来更多的陨石。

深度撞击：
当小行星袭来时

当陨石撞击地球时，很少有陨石大到足以对地球造成破坏。然而在 5 万年前，一颗直径约 30 米的陨石以每秒 16 千米的速度撞击了亚利桑那沙漠，摧毁了当地的一切，留下了一个直径约 1.2 千米的陨石坑，坑内外散布着大量的碎石。这些碎石是一种撞击角砾岩，是爆炸过程中被粉碎和熔化的岩石碎片与陨石中熔化的铁滴混合在一起形成的。

1300 万年前的中新世，一颗更大的陨石撞击了现在的德国北部，影响了局部地区，不过并没有波及全球。它留下一个直径约 24 千米的陨石坑，老城诺德林根后来就建在它的中心。这次巨大的撞击产生了一种由更细的岩石碎片和熔化碎屑组成的岩石，被称为撞击角砾岩（suevite），这

亚利桑那州陨石坑

这块 5 万年前的铁陨石，尽管其大部分在撞击过程中发生了汽化，但我们还可以在撞击碎屑中找到一些陨石碎片。干燥的气候有助于陨石坑的保存，尽管它的边缘因受到侵蚀而（相对）下沉，陨石坑底部也正被撞击后的沉积物慢慢充填。

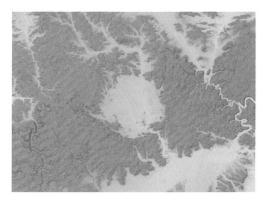

种岩石在当地被用作建筑石材。

6600 万年前，一次巨大的撞击改变了地球的历史进程，奠定了当今世界的地理格局。最先出现的证据是大规模的生物灭绝，恐龙和很多其他生命形式就是在此次事件中消失的。随后，在世界各地发现了一种富铱（相对于地球，铱元素更常见于陨石）的薄岩层，这种岩层形成于大灭绝期间。这让科学家们怀疑是一次巨大的陨石撞击造成了这场灾难——但是撞击坑在哪里呢？人们后来在墨西哥地下深处发现了一个直径约 200 千米的巨大陨石坑，形成时间正好相当，它是由一块直径约 10 千米的陨石撞击造成的。所有的证据都吻合了，此次大撞击事件现已被广泛接受。该陨石坑本身形成浅海，并覆盖有一层约 100 米厚的撞击角砾岩层。在邻近的海岸，有一层沉积物被撞击引发的巨大海啸所席卷。在更远的地方乃至世界各地，都发现有一层富含铱元素的薄层，以及熔化的微小液滴和撞击产生的矿物碎片。这一沉积岩层遍布全球，标志着地球的巨变。

陨石撞击及其产物

德国诺德林根的陨石撞击坑，在地貌上形成了一个可见的、具有壁垒状边缘的洼地（左上），里面充填着破碎的撞击角砾岩（右上）。导致恐龙灭绝的墨西哥希克苏鲁伯陨石坑，虽然被后来的地层掩埋，但可以通过地球物理的方法探测到（左下），此次撞击在世界范围内形成了一个富铱的沉积层（右下）。

根据冰期旋回理论推测，目前地球正处于冰期回归前通常出现的短暂的温暖期。然而，今天的现实情况是，人类通过燃烧化石燃料使地球快速变暖，以至于冰川可能在数千年内都无法回归，地球可能会回到恐龙时代的"温室"世界，当时大气中的二氧化碳浓度是今天的两倍甚至更多。那么，什么样的岩石标志着一个更温暖的地球，可以作为地球未来环境的指引？

温室：温暖时期的岩石

当时的地球，南极洲和格陵兰岛都没有被厚层冰盖覆盖，海平面比现在高约 100 米。地球上大部分陆地被海水淹没，海底被厚厚的白色软泥层所掩埋，这些白色软泥由浮游藻类的微观骨架组成。这就是白垩层，是地球变暖的关键性岩石标志。

仔细观察一个具有白垩成分的悬崖，你可以看到由白垩和泥灰白垩相间而成的细微的条纹图案。在其中，我们可以看到有规律的微妙气候变化对温室地球的影响，天气和洋流的变化影响了白垩海洋中的微小浮游生物，从而改变了岩层的组成。随着地球的自转和公转轨道在数万年的周期中的缓慢改变，照射到地球上的太阳辐射量也会发生周期性的变化，从而影响地球上的气候变化。这种天文上的周期性变化模式为岩石提供了一个天文时钟，可以用来计算白垩层形成所需的几千年时间。

温室地球的特性在极地地区表现得最为明显，因为当时那里与我们现在世界的极地地区有极大的不同。虽然白垩纪时期的南极洲也像今天一样位于地球南极，但是那里富含化石的白垩纪地层显示，当时的南极洲表面并没有被冰川覆盖，而是长满蕨类和针叶林的茂密雨林。这是一种奇怪的热带雨林，就像今天的极地地区一样，那里的冬天有着持续的黑夜，夏天则有持续的白昼。尽管如此，这些白垩纪的植被生长繁盛，它们的残骸被掩埋和压缩后形成了煤层。

以上认识为我们提供了一个图景，如果继续燃烧化石燃料，南极洲可能会回到白垩纪时期的状态——不过南极洲变绿的代价将是其他许多地区因冰川融化被淹没。

热带地区的情况是什么样的呢？在地球温室时期，热带地区的温度并未上升太多，但海洋表面可能会变得过热，以至于浮游生物难以繁盛。浮游生物骨骼减少，其形成的石灰岩数量就会减少。然后，当大气二氧化碳浓度飙升时，海洋就会酸化，许多浮游生物骨架在它们形成岩层之前就会被溶解。今天，我们正见证着这个拥有酸化海洋的世界的回归。

白垩和燧石层气候计时器

悬崖上可见的岩层代表了全球温室气候条件下反复变化的气候，这是由地球自转和公转的周期性变化所驱动的。其中每一层都代表一个长达 2 万年的气候周期。（左页图）

丰富的极地生命

在温室时期的地球上，现在冰冻且贫瘠的地区曾是温带地区，有茂密的森林和包括恐龙在内的许多动物。

地球经历了从少冰或无冰的全球气候较热时代，进入气候极度寒冷的时代。7亿年前，冰川覆盖了整个地球，把它变成了一个"雪球地球"：从外太空看，地球就像木星或土星的一个冰冻卫星。

冰河时代：
寒冷时期的
岩石

目前，我们生活在一个不那么极端的冰期中短暂的温暖时期，冰川已经消退，只覆盖了南极洲、格陵兰岛和高山顶部。但是2万年前，冰川的扩张范围要大得多，向南一直延伸到纽约。

数十亿吨冰川从岩石表面经过，留下了许多痕迹。这些数千年前留下的冰川擦痕可以在今天的山坡上找到，数百万年前冰河时代留下的冰川擦痕也可以在古老的岩石中找到。

冰也能形成岩石。在移动的过程中，冰川会将大量的沉积物和岩石碎块混合在一起，形成一层厚厚的冰碛物，它们会散布在冰川经过的整片地貌。这种沉积物是冰川作用的明确标志。地质学家通过寻找古老、坚硬的

冰碛物（冰碛岩）来重建地质历史上的冰川作用，包括远古的"雪球地球"冰川作用，它因在当时位于赤道的大陆上发现了厚厚的冰碛岩层而得以揭示。

　　随着冰川和冰盖融化，冰川融水从中流出。这个过程可以稳定地进行，形成季节性的冰川河流（夏季流动，冬季冻结），这些河流对冰碛物进行冲刷和分选，留下大量的沙粒和砾石。这些沉积物如今作为建筑材料（见第 158—159 页）广泛应用。冰川融水也会产生灾难性的洪水，特别是当它冲击巨型冰坝时，冰坝随之破裂，形成洪水威胁下游的土地。

　　从冰碛岩、沙粒和砾石等地层中解读冰河时代的历史并不容易，因为它们分布零散，很容易被侵蚀、搬运和再沉积。在深海海底缓慢而稳定堆积的软泥中，我们可以找到更完整的冰期历史的指示器：这些软泥中含有指示冰期气候曲折变化的化学线索。深海钻探的结果揭示，在过去的 260 万年里，主要的冰期不是只有 4 次，而是超过 50 次，其间伴有温暖的间冰期。这些气候波动，正如在白垩纪的白垩岩层（见第 144—145 页）中看到的那样，是由地球自转和轨道的周期性变化引发的。

冰蚀岩

当前进的冰川滑过时，这块岩石表面被刮擦和刻蚀。在今天的无冰地区发现这样的"冰蚀岩面"是一个关键的证据，表明过去曾经历过冰期。

动态的岩石地貌

阿根廷巴塔哥尼亚这种地貌的岩石正被冰川刮蚀。破碎的小冰山将冰川刮蚀产生的沉积物带到海洋，在那里漂浮并沉入海底，形成新的沉积地层。（左页图）

冰实际上是一种岩石，尽管它在人类感觉舒适的温度下会融化。在寒冷的外太阳系，冰在一些行星的卫星（如木卫二和土卫六）上是主要岩石（见第198—201页）。在地球上，冰层只出现在极地地区和高山顶部，在那里它们讲述着一个关于古老地球的动人故事。

极地记录：
冰芯揭示
的气候信息

地球上主要的冰层覆盖着格陵兰岛和南极洲，在某些地方它们的厚度接近 5 千米。这些冰最初是飘落在冰盖表面蓬松的雪花。在许多地方，即使在夏季，天气也十分寒冷，冰雪不会融化，积雪层就这样年复一年地堆积起来，最终压实成坚硬的冰。

最终，冰层变得非常厚，它在自身重量的作用下开始缓慢地向冰盖边缘流动，并在那里断裂成冰山，漂浮在海上直到融化进入海洋。但是到了这个时候，一个巨大且连续的冰层记录已经堆积起来。对南极冰盖中心的钻探揭示，那里的冰层有 80 万年的历史（格陵兰冰盖的冰层仅有 12 万年的历史）。在这次钻探中提取的冰芯揭示了地球过去气候的非凡故事，包括一些诸如古大气记录的独特信息（并非所有空气都在积雪压实的过程中被挤出，冰中留存有无数的气泡）。

对这些古大气的分析显示，以前的大气二氧化碳浓度水平有规律地变化着，从气候非常寒冷（温度是根据冰冻水的化学成分计算出来的）时的约 180 ppm[1] 到气候较温暖时的约 280 ppm。这些冰层提供了大气中二氧化碳的重要"基线"记录，说明了人类通过燃烧化石燃料导致这种温室气体含量发生变化的规模（目前大气二氧化碳含量已超过 400 ppm，并仍然呈升高趋势）。

冰层还讲述着其他故事。积雪表面就像一种捕蝇纸，可以捕捉空气中的其他颗粒。它会沾上灰尘，表明冰期的空气比温暖时期的要更加干燥和多尘。它能捕获远方飘来的火山灰和硫磺，指示重大火山喷发的时间。最近，积雪还捕获了微量的铅（这些可以追溯到前罗马时代的铅冶炼，更近的则来自汽油中的铅）。只要这些冰岩还存在，冰层讲述的故事就会一直延续下去。

南极冰层的年积雪层

雪从周围环境中捕捉线索（如灰尘和被封住的空气），这些线索可以用来重建气候和其他历史。（左页图）

冰层中记录的气候历史

对南极冰层中的古大气的系统分析表明，在过去 80 万年中，大气中的二氧化碳含量在低水平和高水平之间的波动与冰期和间冰期（即温暖期）气候波动的时间相吻合。

---

1 parts per million，一种浓度计量单位，中文指百万分之一，在此表示一百万份的气体混合物中有 180 份是二氧化碳气体。

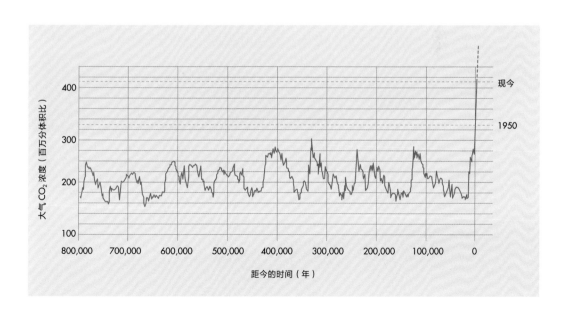

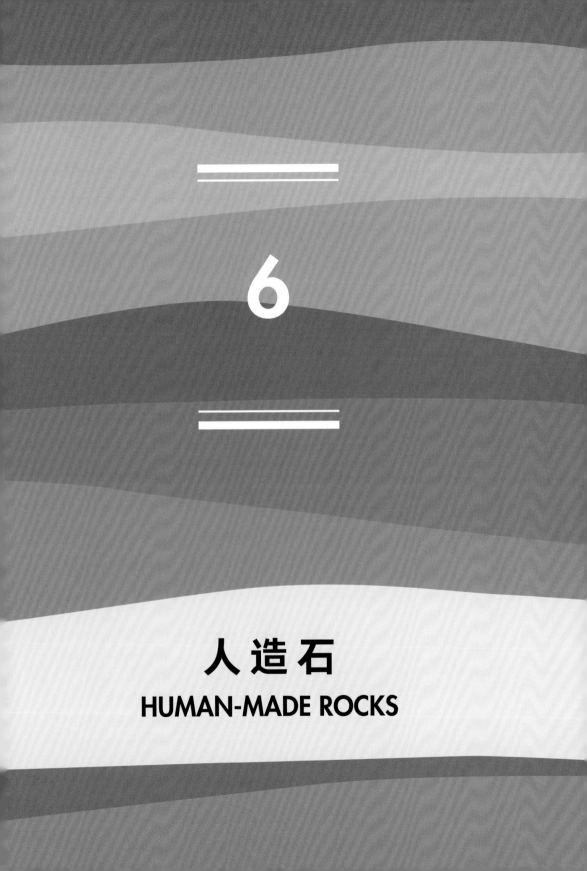

6

人造石
HUMAN-MADE ROCKS

石器时代距今已经很久远了，但我们如今对岩石的需求量远超以往任何时期。为了满足日常生活所需，我们使用的东西若不能培育合成，就需要从地下开采。砖块、混凝土、铁、铜、石油、煤炭、塑料以及制造电脑和智能手机的原材料，都来自岩石。开采它们最直接的办法就是将它们挖掘出来，要么在地表（如采石场和露天采矿）挖洞，要么通过钻探形成地下矿井。

开采：
采石场和矿井

现代采矿业的规模非常巨大。如果我们只考虑最基本的材料，也就是岩石本身，那么将用于道路、基础设施和建筑材料的松散碎石、沙子及砾石等全部包含在内，全球每年总共要开采约 500 亿吨岩石，平均每人约 7 吨，相当于建造 8000 座胡夫大金字塔！

全球约有 50 万个矿井和采石场正在进行开采，开采出来的材料几乎都有其相应的用处，因为在我们四周随处可见岩石、沙子和砂砾。全球各地有许多又大又深的矿洞，大多数是为了开采稀有矿物质，在这些地方，从大量岩石中只能提炼出少量矿物质。例如，大多数开采出来的铜矿石中的含铜量不到 1%，其余都会成为被丢弃的废石，一般来说，一间普通房屋的用铜量约 91 千克，相应地会产生 10 吨废石。一座铜矿山的规模往往很大，比如犹他州的宾汉姆峡谷露天矿坑，直径 4 千米，深 1.2 千米。对于钻石矿来说，开采时会产生更多的废石：要提取出 2 克拉钻石原石，通常会产生 7 吨废石，最终只能得到 1 克拉（0.2 克）的抛光钻石。由于钻石矿一般发现于火山通道中，因此其矿山规模通常很壮观（见第 64 页）。

地下采矿不如露天开采直观，但其规模也同样惊人。早在石器时代，人类就开始采矿，最初是开采燧石用于制作工具，后来开采的矿山规模越来越大，以获取煤炭、金属及其他资源。工业革命的关键一步是蒸汽机的发明，蒸汽机可以将水从矿井中抽出（否则矿井会迅速被水填满），人们得以把矿井挖得更深。现在世界上最深的矿井（南非的金矿）可到达地下 4 千米的深处。为了防止发生岩爆，这些地方必须进行人工冷却和改造。

虽然我们一般看不到矿井本身，但它们以后产生的影响是可以预见的——这些巨大的地下空洞会塌陷，形成规模巨大的沉降区。

深部采矿与地表影响

地下深部煤层的开采对地表地形产生的影响在于，当矿井坍塌后，会出现沉降区。地下坍塌事件可能会引发地震（通常是小地震），而当地下水流经旧矿洞时，可能会变得富含铁且受到污染。

当支撑矿井顶板的一根柱子或多根柱子倒塌，上面的岩石会塌落到矿洞中，在地表形成宽的凹槽或相对狭窄的落水洞。近些年，为了更好地控制这种不可避免的地面沉降，人们在设计矿井时做了一些预防措施。

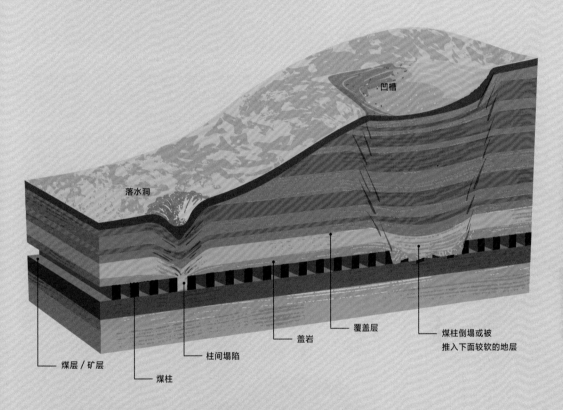

凹槽

落水洞

盖岩

覆盖层

煤柱倒塌或被推入下面较软的地层

柱间塌陷

煤层／矿层

煤柱

一直以来，地球被认为是一个矿物天堂，其矿物的种类可能比太阳系内其他任何行星或卫星都要丰富。这种财富来自地球作为一颗生命星球的复杂性和多样性。相较而言，外太空则要贫瘠得多：宇宙尘埃是宇宙中所有矿物和岩石的起点，而天文学家在垂死恒星所释放的宇宙尘埃中只发现了十几种矿物。陨石作为太阳系形成原材料的碎片，其中也只有大约250种矿物。

开采和人造：天然矿物和合成矿物

一旦一颗行星开始形成，岩浆活动和变质作用等地质过程会产生新的化学组合，进而形成一系列新矿物。在生命出现之前的远古时期，地球上大约有 2000 种矿物。一些特殊的地质环境可以比其他环境产生更多的矿物，如在伟晶岩中发现了一种特殊的天然"阿拉丁洞穴"，其中的花岗岩矿脉富集了稀有元素，仅在这里就鉴定出了 500 种矿物。后来，地球上出现了生命，更多的矿物形成了。一个关键的时间节点是在大约 25 亿年前，植物的光合系统出现，大气中含氧量增加，促使许多氧化物和氢氧化物形成。那时，地球上已经存在大约 5000 种矿物，直到人类开始改变其成分之前，这一总量或多或少地一直保持稳定。

最早的变化之一发生在几千年以前，人们开始从矿石中提取铜、锡和铁等金属。在自然界中，纯金属非常稀有，它们被大量提取来制造新的合

自然之美

石英是地球上常见的一种造岩矿物。这里展示了一个不常见的品种——紫黄晶，它结合了紫水晶和黄水晶的特征。

金，例如青铜。到了近现代，随着技术的进步，人们学会了分离那些在自然界中极为稀有的金属（比如铝和钛）或根本不存在的纯金属（比如钼和钒）。自 20 世纪中期以来，这些金属的产量急剧增加：例如，铝的生产量超过了 5 亿吨——足以覆盖整个美国的标准厨房用铝箔，而铁和钢的产量则是这个数字的许多倍。

　　自 20 世纪中期以来，全球各大材料科学实验室制造出了大量的合成晶体无机化合物，虽然这些化合物不是自然矿物，但实际上它们也是矿物，即人造矿物。这些化合物包括氮化硼（比钻石更硬，可用作磨料）、碳化钨（用于制造圆珠笔芯的滚珠）、用于激光的合成石榴石、石墨烯及许多其他矿物。截至目前，人类已合成超过 20 万种人造矿物，这个数量是天然矿物的近 40 倍！因为人类的智慧，现在地球上的矿物多样性达到了前所未有的水平，这是任何已知行星都无法比拟的。

天然矿物和
合成矿物

上面的两种矿物是天然的矿石：左上方这块样品来自墨西哥，是一种罕见的斜方绿铜锌矿；右边这块样品来自英国坎布里亚郡，绿色为孔雀石，橙色为褐铁矿。下面是两种人工合成的矿物，它们在自然界中极为罕见，但由于人工制造，它们现在非常常见：左下方是纯硅，右下方是纯铝。

混凝土在我们的生活中几乎无处不在，我们很少关注它，但它却是人造石中最引人注目的例子之一。混凝土的制作方法非常简单：首先将石灰岩、泥岩和少量石膏碾碎，放在一起搅拌，在窑中高温加热制成水泥；然后将一份水泥粉与水混合，再加入四、五种散装填充材料（通常是沙子或砾石）。最后将制作好的泥浆倒入或铺成任何想要的形状，它会在几个小时后开始凝固，形成一种廉价、坚韧且耐用的人造石。

混凝土：地球上丰富的人造石

混凝土有着悠久的历史，早在古罗马时期人们就制造并使用它，他们发现在混合物中加入火山灰，混凝土便可以在水下凝固。不过，混凝土的大规模使用是从近现代开始的。现代硅酸盐水泥的配方是在 19 世纪研发出来的，它的使用量在工业革命期间逐渐增加。到了 20 世纪初，全世界每年生产 3000 万吨混凝土。到了 2000 年，这个数字迅速增长到每年超过 100 亿吨，现在则每年超过 250 亿吨。在全世界范围内，人们已经制造出五万亿吨混凝土，其中绝大部分是在 1950 年以后制造的，而一半以上是在过去 20 年里制造出来的。如今，混凝土早已不只是建筑上的一个元素，它也是地质学的一部分。

除了建筑方面，混凝土在其他方面也影响着地球。制作水泥需要大量的能量，石灰岩会受热变成石灰，这个过程会释放二氧化碳。总体而言，混凝土的制作过程所释放的二氧化碳约占全球总排放量的 7%，从而加剧了全球变暖。

尽管如此，混凝土作为新型岩石，已经成为我们生活环境中必不可少的一部分，且有其独特之处。表面较光滑的混凝土实质上由泥质砂岩组成（混凝土摩天大楼也被称为"现代沙堡"），而表面较粗糙的则如同人造砾岩，其中的"砾石"清晰可见。混凝土通常由坚硬的岩石组成，如乳白色的石英脉、各种颜色的燧石、石英岩等，每一种都有着自己古老的地质故事。你身边的混凝土墙或人行道是观察这些岩石的绝佳地点，我们可以尝试探索它们的故事。

罗马混凝土建筑

罗马人发明了一种混凝土，用来建造现在位于意大利的古罗马斗兽场。（右页上图）

混凝土的世界

自 20 世纪中期以来，人类对混凝土的使用增加了 30 多倍，它成为我们城市建设中的主要材料。（右页下图）

当你看到一座混凝土建筑物，实际上你看到的是一座沙堡：沙子构成了混凝土的主体，其他成分（如石灰岩和泥岩）将其固结在一起，形成坚固的石头。因此，为了制造大量的混凝土，需要使用大量沙子，无论是纯沙粒还是与碎石混合的沙子。

沙子：
小颗粒，大用处

这些沙子有的是松散的表层沙，有的则来自数百万年前埋在地下的古老沙层，但并不是所有的沙子都适合用来生产混凝土。人们最容易想到就是沙漠中的沙子，但用它们并不能制造出质量好的混凝土，因为它们经过与其他沙粒的无数次碰撞，已经变得非常圆润且光滑，因此不能与其他成分很好地结合。我们需要那些相对粗糙、棱角分明的沙粒，如河沙，或是被河流携带至河谷、湖泊或海洋里的沙子。

古河流地层往往是砂砾沉积物的良好来源。通常，它们出现在现代河漫滩上方的阶地处，在河流下降到今天较低的水位之前，这些阶地就是以前的河道。这些古河沙通常是非常好的工业砂来源，尤其是因为它们通常高于地下潜水面，而且在开采时不会导致积水。

其他一些古老的河沙地层可以追溯到冰期。到了夏季，冰层会融化，冰川融水从冰川表面向外扩散流动，延伸出广阔的冲积平原。当时的冰川作用沉积了大量的冰川砂砾沉积物，这些沉积物为现代混凝土的制造做出了巨大的贡献。

为了给世界上快速发展的城市提供混凝土，人们对沙子的探索还不止于此，甚至开始寻找海滩和浅海底部的沙子。与其他供不应求的珍稀资源一样，沙子也有违法和合法的供应渠道，"盗采"——往往伴随着腐败——已经成为一个日益严重的全球性问题。很难理解，像沙子这么简单的一种物质，却会与不法商业活动联系到一起。但是无论如何，沙子仍是我们建设现代城市的主要原料，并且支撑着我们今天的生活。

要想缓解天然沙子的供应压力，有一种有效的方法就是寻找沙子的替代品。发电站排放的粉煤灰就是其中之一，它可以被混合到混凝土中，而不是被倒入垃圾场。此外，越来越多的混凝土也正在被回收利用——它们被粉碎并添加到新的混凝土中，从而减少了对环境的影响。

沙粒之间也有极大的区别。它们形状多样——从光滑的圆形到尖锐边缘的棱角状，从球形到细长的或不规则状，还可以由许多不同类型的矿物组成。所有这些因素都影响着沙子的种类，决定了它们可能会被用于混凝土的制造还是其他用途。（左页图）

河流的故事

在现在的河漫滩之上，可能有一个或多个河流阶地——相对较高的、废弃的古河漫滩遗迹。

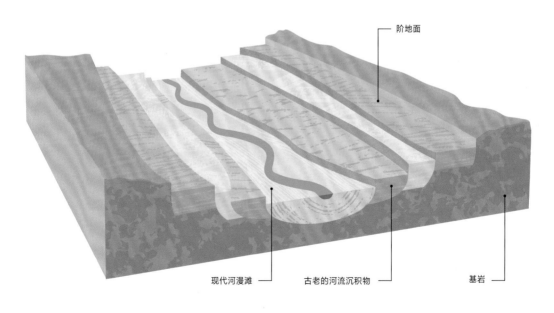

阶地面

现代河漫滩　　　　古老的河流沉积物　　　　基岩

砖块作为一种建筑材料，尽管它的地位现在已被混凝土所取代，但是几千年来，它一直是世界上使用范围最广的人造石。现在，砖块仍然大量存在于我们的身边，据统计，全球每年会生产超过1万亿块砖。最初，砖块只是一团成形的泥土，人们将其放在太阳下晾干，直到变硬。古代的人们经常使用这种砖块，尤其是在干燥的条件下，有些砖块一直保存至今。

激发想象力：
砖块里的科学

悠久的制砖传统

这里所展示的砖块都是用泥土制成的，它们直接在烈日下被晒干变硬。这种土坯砖虽然比不上现代烧制砖坚硬，但是已经使用了几千年，并且仍在生产。

后来人们发现，用火烧制的砖块会更加耐用。大约在 5000 年以前，人们就开始在窑炉内烧制砖块，这种新型的人造石为早期的城市建设做出了很大的贡献。同样的工艺也被用于制造另一种与之相关的人造石——陶瓷。

现代砖块的配方经过了改良，但基本的配方没变。主要材料是泥或者泥岩，还必须要加入沙子（这样砖在烧制过程中就不会过分收缩），以及少量的碳酸钙（石灰石）。若将化石碳添加到混合物中，比如黑色页岩，效果会更好：这些碳在烧制过程时可当作内置燃料，从而节省了能源成本。

　　砖块（和陶瓷）的烧制过程模拟了岩浆与地下岩层接触时发生的反应——即地质学上所说的泥岩的接触变质作用。不过，与地质作用相比，人工合成的时间短，只需要几天而非几千年；这一过程的温度也相当高，比一般接触变质作用的温度还要高1100℃。实际上，制砖温度可以达到熔点（由于受到石灰岩含量的影响，混合物的熔点降低了），所以在砖的烧制过程中，砖内部会产生少量合成岩浆。

　　在烧制过程中，泥岩中的矿物会转变为其他新的矿物（见第82—85页）。莫来石是提升砖块硬度的关键矿物，它结合了氧化铝和二氧化硅，是在烧制过程中由黏土矿物转化而成的，其细长的晶体网有助于将砖块结合在一起。莫来石在自然界中是罕见的，它以苏格兰马尔岛的名字命名，发现于当地古熔岩流中捕获的泥岩碎片。砖块中的少量合成岩浆在冷凝固结后，也能起到黏合剂的作用，使砖块变得坚固、耐用和抗风化。经典的红砖，其红色源自赤铁矿，这是一种含铁矿物，由泥岩中的其他含铁化合物在烧制过程中产生。烧制砖块是一个非常耗能的过程，研究人员仍在探索更加环保的制砖方法。

经久耐用的砖建筑

伊朗的雷伊，是一座泥砖古城，其历史可以追溯到一千多年前，它曾是贸易和制造中心，也是一个防御堡垒，许多古建筑的原始结构保留至今。（上图）

莫来石

莫来石是一种罕见的硅酸铝矿物，是水泥和陶瓷的主要成分。（左图）

在人类历史的大部分时间里，我们使用的能量主要来自自身的肌肉力量或者燃烧木材。然后，我们开始利用动物的肌肉力量，比如牛。后来，随着科技的发展，我们造出了风车和水车，开始使用风能和水能。这些能源是可持续的，不过也受到自然条件的限制。

史前起源：
碳氢化合物是
如何形成的

　　早在几千年前，人类社会就开始利用煤作为能源，它是一种可燃烧的岩石。到了后来，大约几百年前，人类学会了从地下开采大量的煤。近些年，我们已经可以从岩石中开采石油和天然气。这些碳氢化合物是推动现代社会发展的最重要的能源，它们为人类提供的能量是巨大的。研究表明，在过去的 70 年里，它们提供的能量比之前的 1 万年中所有能源提供的能量还要多。那么这些碳氢化合物是从哪里来的呢？

　　煤、石油和天然气都是化石燃料，源自于史前动植物的遗骸。事实上，

这些化石燃料凝聚了史前动植物数亿年间所吸收的光能，而我们现在释放出这些能量只用了几百年。

煤炭主要来自古代森林和泥炭沼泽等植物生态系统的遗迹。其实，很多森林在生长和消亡过程中并没有留下痕迹，随着植物残骸的腐烂，其中的碳以二氧化碳的形式返回大气。煤炭的形成是由于植物死亡后落在积水的泥土中，在这些地方植物腐烂缓慢，所以残骸很快就被其他死去的植物覆盖。若此时地壳运动导致该地区发生缓慢沉降，那么这些未完全腐烂的植物残骸就会堆积成厚厚的一层，其厚度可达几十米甚至几百米。当这些巨厚的沉积层被深埋在地下时，地下深处的热量和压力会将其转化为我们现在所看到的煤层，这个过程还会释放出天然气（这是目前许多能源公司开采的对象），它们会聚集在煤层上方的多孔岩层中。这一过程如今在佛罗里达大沼泽地正在发生，与远古时期的情景相差无几。

相比之下，石油主要来源于海洋，与浮游海藻有关，它们的残骸沉到海底形成富含碳的地层。与煤炭一样，这些枯死的植物需要被保存在沉积物中，这样它们就会在完全分解或其中的碳溶解于海水之前被掩埋。海底水流停滞的缺氧环境有助于阻碍植物的自然腐烂。世界上许多大型油田的形成都要归功于过去的温暖气候，当时海洋环流减缓，海底停滞不前，富含有机质的泥浆沉积物得以堆积变厚。当这些"黑色页岩"在地下被埋藏、挤压和加热后，就会释放出石油（与藻类的脂肪成分有关的一种液体）和天然气。

煤层

史前森林能变成现在的煤层，是深埋地下后经加热和压缩的结果。

煤层古环境重建

在这样一个古老的森林中，大量树木残骸堆积，最终形成厚厚的煤层。这里地势低洼、土壤积水，有助于防止木材的腐烂，木材才能有机会被埋藏并保存在地层中。（左页图）

从岩层中开采出来的化石燃料，已经推动了一个多世纪的全球经济增长，按照人类如今的生活方式，化石燃料的核心地位将会持续下去。化石燃料能量密集，便于运输和使用，尤其是石油和天然气，它们为工厂、交通和家庭提供了动力和能源，但使用它们也会导致一定的后果。

乌云：
燃烧化石燃料
的后果

从烟囱中排放的工业废气

今天，工业排放的二氧化碳的量非常大，相当于地球表面1米厚的一层纯气体，并且还在以每两周1毫米的速度增加。

燃烧化石燃料会向大气中释放二氧化碳，由于20世纪中叶人类对化石燃料的使用量急剧增加，已经向大气中排放了约一万亿吨二氧化碳。当然，这并不是所释放的全部二氧化碳，因为有一些会进入海洋，还有一些会被植物吸收；而且，大气中所有额外的二氧化碳也不都来自能源生产，还有一些来自森林砍伐、水泥制造等活动。但值得一提的是，大气中的大部分二氧化碳来自煤、石油和天然气等化石燃料。

一万亿吨是什么概念呢？按重量计算，相当于15万个埃及胡夫大金字塔的总和，按体积计算，则相当于绕着整个地球围上1米厚的一层，按照目前化石燃料的使用情况，这一层的厚度正在以每月2毫米的速度

增长。有关数据显示，与18世纪末工业革命开始之前大气中的二氧化碳
总量相比，现在的含量高出了近50%；埋藏在南极冰芯中的古老气体（见
第148—149页）向我们表明，现在空气中的二氧化碳含量至少比80万
年前增加了近50%。最近一次大气中有如此之高的二氧化碳含量，至少
是在大约300万年前，当时正值气候较为温暖的上新世。现如今空气中
过量的二氧化碳，会产生什么效应呢？

简单来讲，二氧化碳是一种温室气体，它会挡住一些原本会逃离地球
的辐射红外线热。在过去一个世纪中，这些被保留下来的热量使全球温度
上升了1℃多一点。然而，这对海洋的影响要大得多，海洋每年要吸收约
14泽塔焦耳（1泽塔焦耳 = 10^{21} 焦耳）的热量。这种能量远远大于人类
最初通过燃烧化石能源获取的能量（全球人类每年使用的能源总量约为
0.5泽塔焦耳）。最糟糕的是，海洋变暖已经导致格陵兰岛和南极洲的冰
川开始融化，海平面每年上升约4毫米，全球气候正在发生重大变化。

燃烧化石燃料会向大气中排放大量额外的二氧化碳，除了会引起全球变暖，还会导致海洋酸化——因为部分二氧化碳最终会以碳酸盐的形式溶解在海水中。长期以来，这已经改变了海洋的化学性质，使其趋向更酸性的环境——海水的平均pH值已经从工业革命前的8.2变为今天的8.1左右。单从数字上看似乎变化不大，但pH值是对数刻度，一个刻度代表10倍变化。因此，如今海洋的酸度比以前增加了25%，而且还在持续增加。

酸度的增加：
石灰岩危机

海洋酸化对石灰岩影响重大。石灰岩最重要的物质来源——尤其是由碳酸钙组成的动物骨骼，会明显受到这种酸性条件的影响。在海洋中，有些海洋生物的骨骼变得更难形成，如珊瑚和翼足类动物（"海蝴蝶"），因为它们会分泌文石。随着海洋的日渐酸化，这些骨骼已经变得越来越薄弱，体积也越来越小（因此形成的石灰岩也会越来越少），性质也不同（薄弱的骨骼也更容易受到海浪和以它们为食的动物的破坏）。

此外，海洋酸化还引起了深海中石灰岩沉积物的加速溶解。在海洋表面的大部分地方，生活着具有碳酸钙骨骼的微小浮游生物，例如球石藻（一种单细胞藻类）和有孔虫（类似变形虫的原生动物）。它们死后，大量的骨骼沉入海底深处。但一般来说，深层水域的酸度会高于表层水域，

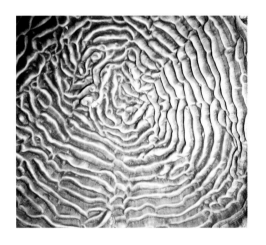

人造石

因为在越深的地方，腐烂的有机物所产生的二氧化碳越多。一旦这些微小的有机物沉入酸度更高的深层水域，它们会更快溶解。只有在浅层水域、酸度较低的地方——比如海底火山顶部，这些骨骼才能保存，在海底雪线[1]上方沉淀下来，并形成厚厚的石灰岩软泥。然而今天，在部分海洋区域，由于吸收了大量人类制造的二氧化碳，越来越多的浮游生物骨架溶解，这条雪线已经上升了数百米。随着这些深海软泥的消失，海洋中的石灰岩数量将越来越少。

上述现象也可以在古代地层中见到，主要发生在火山活动较频繁的地质时期，当时的二氧化碳释放量增加，导致全球变暖。大约在 5500 万年前，就曾发生过一次，其标志就是深海石灰岩的消失，仅留下不易溶解的富硅质泥岩。一如彼时，随着如今全球变暖事件的发展，人类将会创造出独特的石灰岩缺失标志层——作为我们的遗产。

珊瑚如今面临多重威胁

这些珊瑚如今变成类似幽灵般的白色，是因为海水对它们来说变得太热了，使得那些寄住在它们身体组织内并赋予其鲜艳明亮颜色的微小藻类无法生存。

脆弱的生物

珊瑚（左）和翼足类（右）的骨骼都是由文石组成的，文石的化学成分是碳酸钙，它比我们所熟知的碳酸钙矿物方解石硬度高。但它也更易溶解，在不断增加的全球海洋酸度下显得如此脆弱。（左页图）

---

1 即"碳酸盐补偿深度"，简称 CCD，海洋中碳酸钙（生物钙质壳的主要组分）输入海底的补给速率与溶解速率相等的深度面，是海洋中的一个重要物理化学界面。

塑料海洋

塑料可以大量堆积，如上图所示。但是，更多的微塑料颗粒污染是肉眼不可见的，比如我们衣服上被洗掉的聚酯纤维。这些微塑料广泛分布于全球各个角落，甚至包括深海海底。

在人类制造的所有新物质中，塑料——一种合成有机聚合物——正在迅速成为今天形成的沉积岩中的普遍组成部分。塑料的生产和使用始于20世纪初，当时所用的材料是虫胶和胶木等。后来，随着尼龙、聚乙烯和聚丙烯等塑料的发明，从20世纪50年代开始，它们的使用量开始猛增，此后每年的产量达到200万吨。塑料产量稳步攀升，目前已接近每年4亿吨，这意味着我们每人每年都会产生与自己体重相当的塑料。现如今，已有约90亿吨塑料被制造出来，足够用塑料膜把整个地球包裹起来，如此大规模的塑料基本上用完就被丢弃，真正被回收的只有很少一部分。

碳氢化合物的转变：塑料的爆炸式增长

塑料有约20种主要的类型，由石油制造而来，可以被认定为一种新的合成"矿物"。塑料坚固、重量轻且耐腐蚀，这些特性使得它们非常有用。同时，由于塑料的制造成本低，人们在使用塑料产品时，常常只用一次就将其随意丢弃（如软饮料瓶）。如今，塑料无处不在，它们被风和雨带进河流里，又经河流汇入大海。就这样，每年有数百万吨塑料经过长距离搬运被带入海洋，然后成为新地层的组成部分。

塑料－岩石混合体

塑料已经形成了新的岩石类型，"塑料岩石"就是其中之一，即海滩上的篝火燃烧所产生的塑料将海滩砾石粘在一起。还有一种叫"火成塑料碎屑岩"，熔融后冷却形成的塑料球看起来就像真的海滩砾石，只不过它们会漂浮在水面上。而塑料垃圾，早已融入自然胶结形成的"海滩岩"中。在其他方面，塑料也同样无处不在。它可以从合成服装上冲洗出来，以微纤维颗粒的形式进入人体，仅一次洗涤过程就可以产生数百万个这样的纤维，这些纤维也会进入河流和海洋，在漂流一段很长的距离后沉积到深海地层中。如今，从深海海底随机抓一把泥土，可能都会含有成百上千个微塑料颗粒。塑料是现代地层的真正标志，由于它们的耐久性，很可能成为未来岩石的一个永久标志。

新沉积的塑料往往会以破坏性的方式对动植物产生影响，这引起了人们的极大关注。鸟类和鱼类会误食塑料碎片，它们的胃被这种难以消化的物质填满。当珊瑚群落被塑料垃圾覆盖时，会引发细菌感染。糟糕的是，即使立刻停止制造塑料，已进入海洋、沉积物和生物循环的大量塑料也可能会持续数千年。如此严重的情况必须进行认真的研究，以便加以控制。

塑料岩石成因：
燃烧

遗留问题：
地质记录
埋藏
释放化学物质
生物效应

火成塑料碎屑岩成因：
燃烧和风化

遗留问题：
在环境中长久存在
释放化学物质

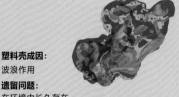

塑料壳成因：
波浪作用

遗留问题：
在环境中长久存在
碎片
塑料摄入

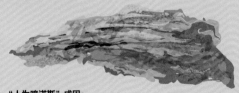

"人为喹诺斯"成因：
垃圾被埋藏在沉积岩里

遗留问题：
地质记录
生物效应

四十多亿年以来，随着地球上陆地、海洋和大气的出现，河流在地层的形成过程中发挥了重要作用，它是将地表沉积物搬运到海洋的基本通道，而大多数地层就是在海洋中形成的。其中一些沉积物被保留在河流系统中，经历石化作用，形成了独特的古河流地层（见第134—135页），这种地层常与煤层有关。

大坝与
河流改道：
人类的干预

在地球历史的大部分时间里，河流在流体和其中沉积物颗粒的物理作用下，其表现大致相同。第一次重大变化发生在25亿年前，当时大气中的氧含量增加，改变了河流中的矿物种类。第二次发生在4亿年前，那时植物繁盛，占领了所有陆地，由于植物发达的根系将周边的土壤密实地黏结在一起，河水的流向受到了限制——河水通过数量有限、较深的河道，在河漫滩上稳定地流动，而不再频繁地改道。

现在，人类正在改变自然环境，在第三次重大变化中，河流再一次发生根本性转变，毫无疑问这将在未来的岩层中留下记录。其中一个变化是，

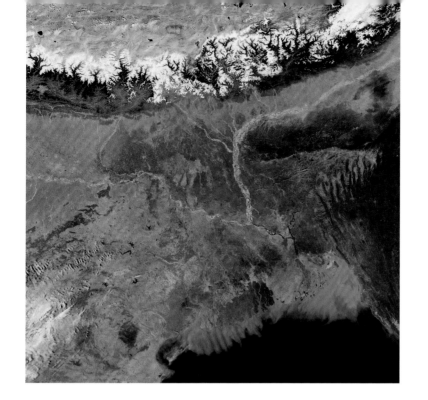

贫瘠的海岸

这张卫星图像显示了印度和孟加拉国的恒河－布拉马普特拉河－梅克纳河系统的大型三角洲，超过1亿人生活在此，正面临海平面上升和地面沉降的威胁。建造在这些河流上的许多水坝在提供了水源和电力的同时，却使得三角洲失去了沉积物的补充。

人工设计的混凝土渠道会控制水流的方向，尤其是在建筑密集区，这导致河流实质上被固定在一个地方，而不是自由地流过河漫滩，形成天然的河流地层。

另一个变化是在大多数主要河流上修建大坝，利用它们来储存水源，用于城市的供水、发电、灌溉，有时还用于娱乐。不过，这会影响到岩层的形成，大坝在蓄水的同时也拦截了数十亿吨原本要汇入海洋的沉积物，导致这些沉积物堆积在大坝后面，并形成了厚厚的沉积层。由于现代森林砍伐、农业和城市建设导致的土地侵蚀加剧，越来越多的泥沙进入河流，意味着有更多的沉积物堆积在大坝附近。

大坝如同一个巨大的沉积物捕获器，所以即使土地侵蚀加剧，汇入海洋的沉积物却比过去少得多。这对主要的三角洲地区影响巨大，那里通常是人口密集的地区，而近年来全世界范围内的三角洲都在逐渐下沉中，人类聚居地面临淹没的威胁。其中一个关键因素就是，这些三角洲主要依靠河流带来的沉积物来抵抗海平面上升所造成的影响，而现在的沉积物越来越少。

此外，构成河流沉积物的矿物质也发生了变化，一如25亿年前，出现了大量新的氧化矿物。这次的变化显而易见，出现了大量人造的"岩石"和"矿物"，有玻璃、塑料、陶瓷、砖、混凝土和其他材料，它们的碎片和天然沉积物混在一起。

大坝拦住的不只是水

表面上看，大坝是一片新建的水域，可用于发电、灌溉或娱乐，但在水面之下是沉积物的不断堆积，制约了水库的蓄水能力，也缩短了其使用寿命。（左页图）

许多地层中常常发育有动物潜穴，我们称之为"生物扰动"。这种地质现象最早出现在大约5.4亿年前，当时正处于寒武纪生命大爆发之初，地球生命史上首次进化出可移动且肌肉发达的动物（见第128—129页）。蠕虫、甲壳类、海胆等动物留下了许多类型的化石潜穴，有些仅有几厘米大小，而有些可达几米，比如美国内布拉斯加州的"魔鬼螺锥"螺旋式潜穴，就是由已灭绝的古河狸在2000万年前留下的。

地下世界：
地下岩石转化

不过，这些动物潜穴与人类建造的洞穴相比简直微不足道，我们对地球的改造程度之深、之严重，已经远远超过了地质历史时期的任何其他物种。

为了寻找更多的煤炭、铜和黄金等资源，人们开展了一系列地下探矿之旅，目前已挖到了地下约 5 千米处（见第 152—153 页）。为了在地下生活和出行，我们还扩展了城市空间，比如过去 150 年间大城市中的

地铁系统。这些地铁构成了庞大而坚固的洞穴系统：全世界最长的地铁网络可达数百千米，如上海、伦敦和纽约等大城市，间隔一定距离设置地铁站，每个地铁站都有复杂的结构。地下空间的开发有诸多用处，如居住、储存（如地下盐洞），及处理危险废弃物。

我们也可以了解地下深处，且无需亲自前往那里。我们可以通过钻井，开采地下的石油、天然气和水等资源，也可以利用钻探发现地下深处的资源。目前，全世界最深的钻孔位于俄罗斯科拉半岛，其深度超过 12 千米，而全世界钻孔总长度累计达 5000 万千米，相当于地球到火星的距离。

有些地下活动具有破坏性，就像 20 世纪五、六十年代进行的核试验，往往会产生强大的冲击波，附近的岩石在冲击波的影响下，产生大量破碎、熔融且具有放射性的岩石——一种人造角砾岩。另外，还有一些新的岩石类型与地下活动紧密相关，当地下水流经混凝土隧道，混凝土中的矿物质会溶解、滴落和再结晶，形成新类型的钟乳石和石笋。

这些经过改造和转变而来的新型岩石，很可能会被保留几百万年。地下环境让它们远离风雨的侵蚀，这些人造石遗迹很有可能会成为人类最永久的遗产。

一个核环形山

这个环形山位于内华达沙漠中，是 20 世纪五、六十年代的数百次核爆炸试验所形成的地表效应之一。在深达 1 千米的地下，岩石被冲击得支离破碎，部分熔融，并具有放射性。

发掘出土的奇迹

这个"魔鬼螺锥"螺旋式潜穴非同凡响，是一种已绝灭的古河狸所留下的。洞穴长约 3 米，是除人类以外的动物挖掘的最深的潜穴之一。（左页图）

乡镇和城市孕育着地球上最新和增长最快的岩层类型，比起其他任何地方，这里可以更容易地观察到各种各样的岩石。最明显的就是钢筋水泥建筑物群的表面，包括混凝土、砖块、钢铁、玻璃等材料构造，还有铺在路上的天然石板（见第32—35页），呈现出无穷的地质多样性。

城市风貌：
城市岩层

城市也包括其他岩层，它们有时会隐藏在公众视线之外。最古老的要数在一些城市地区发现的岩石露头，包括那些建在丘陵地区的建筑。这些出露的古老岩石可以作为独特的且引人注目的城市地标。纽约市中央公园的景观石完美展示了岩石及其漫长的地质历史，从数亿年前在造山带根部约 30 千米深处发生强烈变形变质作用，到上一个冰期所经历的冰川作用。

　　城市就建在上一个冰期沉积下来的"软岩石"地貌之上，根据那些位于街道和建筑物下面的沉积物，可以推断出那里曾经的地貌形态，如在伦敦等城市发现的河流梯田的平坦田面——其实是废弃的古河漫滩。

　　此外，现代城市的前身还有一些遗迹，那些厚厚的瓦砾层成为今天的街道和建筑的地基。地质学家称这些瓦砾层为"人工地基"，它们和其他类型的沉积物一样，显示在地质图上。城市越古老，瓦砾层越厚。在历史悠久的城市，如伦敦和罗马，这些瓦砾层可以有几十米厚，代表了一代代的建筑，并且蕴藏着丰富的考古遗迹。对伦敦地下瓦砾层的研究表明，20 世纪 50 年代后的瓦砾在质量上与古罗马统治时期的伦敦（当时叫 Londinium）的瓦砾差不多。城市就像不断演化的岩体，它的现在比以往任何时候都更具有活力。

　　另一层瓦砾层通常不易察觉，但也在不断生长，那就是垃圾填埋场，它们一般位于废弃的矿坑和采石场，城市的垃圾都被倾倒在这里。它们的规模非常大，比中世纪城镇和城市的古老垃圾堆大得多。新的"瓦砾层"里有各种各样的废弃物品——吃剩的食物、玩具和电子产品，通常含有大量塑料。由于可能含有有毒物质，现代垃圾填埋场通常会用更多的塑料来包裹和密封，以免污染周边的水源。这样一方面减缓了废弃物体的腐烂速度，另一方面也将有助于它们在未来的地质长河中形成化石。

城市岩石景观

实际上，现代城市是最复杂的岩石露头，有砂岩和花岗岩等天然岩石，也有混凝土、砖块和玻璃等合成岩石，而且它们的组成是不断变化的。（左页图）

古老的城市地基

纽约市的天然地基，如今露出地表，成为中央公园内的岩石峭壁，其复杂的地质历史可以追溯到 10 亿多年前。

目前，在地层中发现的化石有两种类型。第一种是实体化石，这类我们较为熟悉，如贝壳、骨头、牙齿和茎以及动植物的其他部位。第二种是生物有机体留下来的遗迹，如足迹和潜穴，这便是遗迹化石，有时还会在其中发现动物留下的"建筑遗迹"，例如黄蜂和白蚁的巢穴。

科技化石：
不同寻常的
岩石

人类擅长建造耐用的大型建筑，如房屋、道路和摩天大厦，任何一个都有可能被保存在未来的地层中，成为一种遗迹化石。同样地，我们利用现代科技制造出的各种产品，如电脑、汽车、电视机、手机、圆珠笔、飞机等，它们都有着结实、耐磨、抗腐蚀的特性，完全可能保留在沉积层中形成化石，我们称之为科技化石。

与古生物化石相比，科技化石有着一些不同寻常的特性，比如现代这些产品的种类比现存生物的种类要多得多。生物学家并不明确知道有多少现生物种，通常估计有 1000 万种，然而"科技物种"却有数亿种。我们

生活在一个工业制造产品大量涌现的时代，这在地球历史上是独一无二的。

最初，科技化石进化得非常缓慢，我们的祖先使用燧石工具来狩猎，这些工具可以在数百甚至数千世代中保持不变。但是，随着人类开始定居，建立城镇和开展商贸，技术的发展加快了，正如考古学家发掘的各种工具所示。现代的科技发展则更快速，每年都有新一代的电脑和智能手机出现。因此，科技化石的进化已经完全超越了我们自身的生物进化，正在以令人难以置信的速度进行。这在地球历史上也是独一无二的。

在未来，科技化石将会如何保存在地层之中？我们可以将一些例子和较熟悉的化石进行比较。像椅子和桌子这样的木制品，可能会在数百万年间的高温高压下碳化，最终形成椅子形状和桌子形状的煤块（有些可能会被压扁）；塑料制品也可能被压扁和碳化；玻璃瓶可能表现得像天然的火山玻璃，随着时间的推移慢慢结晶，变得不透明；铁制品将会在有水和氧气的环境下生锈，但若埋藏在接触不到氧气的地方，它们会溶解于地下水，最终在岩石中留下科技化石形状的洞。我们很好奇，那些精细的小产品，比如手机里的电路系统，会变成什么样呢？这在过去没有先例。想象一下人类未来的化石记录将会是什么样子，这是一个令人颇为着迷的谜题。

动物建筑，
一种遗迹化石

这些规整的结构是孤雌黄蜂建造的巢穴，在古老的土壤层中形成化石。人造建筑与之类似，不过规模更大，也更加复杂。

含科技化石的地层

这是一块最近在西班牙形成的海滩岩，其中有许多科技化石，包括旧砖和炉渣，上层还含有20世纪末的塑料制品。（左页图）

7

其他星球上的岩石
ROCKS ON OTHER PLANETS

在人们学会冶炼铁矿石之前，陨石几乎是地球表面上铁的唯一来源。陨石是一种稀有而珍贵的材料，可用来制作武器和装饰品，比如古埃及法老图坦卡蒙木乃伊里包裹着的镶嵌有陨铁的匕首。过去的文明从来没有想过，这些奇怪的石头是从天而降的（而非地球本来就有），直到18世纪晚期，当陨石降落在英国和法国，人们才终于意识到这一点。

天外来客：
陨石

一块有生命遗迹的火星陨石？

火星陨石 ALH84001 因人们在其中发现了疑似细菌化石上了头条，可惜的是，对这些钛化微观结构的进一步研究表明，它们的形成更可能是化学成因，而非生物成因。

陨石是距离我们最遥远的昔日信使，向我们传递着许多太阳系早期的故事。它们大多数是 45 亿年前行星和卫星形成时留下的残骸，只有少量来自月球和火星的比较年轻。

最古老的陨石看起来更像一块不起眼的砂岩，而不是一块来自外太空的奇异岩石。球粒陨石是由大量的球粒组成的，这些球粒被认为是在围绕刚开始燃烧的太阳旋转的尘埃云中形成的浓缩熔融液滴的残骸，有些可能受到强烈冲击波和太阳大爆发的影响而融化，有些则是在胚胎行星成长和碰撞过程中形成的飞溅液滴。

在这些球粒陨石中，有一些富含钙质和铝质的微小颗粒，可以追溯到 45.67 亿年前的太阳系诞生之初。一些更小的颗粒，具有完全不同的化学

　　其他星球上的岩石

性质，看起来更古老——可能是来自其他星系的"前太阳颗粒"。另外还有一些球粒陨石，来自距太阳较远的地方，从中发现了构成生命基础的关键成分：碳和水。

其他的陨石类型包括铁陨石、石陨石或无球粒陨石[1]。它们基本上都是不断成长中的行星体由于受到碰撞而产生的碎片。铁陨石中含有一些镍，代表了天体在生长、熔融并分异成不同密度的圈层的内核，它是我们能接触到的最接近地球铁镍内核的物质。无球粒陨石主要由辉石和橄榄石等矿物组成，更类似于地球地幔和地壳中密度较低的物质。

少部分无球粒陨石具有非常特殊的化学成分，这表明它们来自月球或火星。大碰撞时，它们从星体表面飞溅出去，飘散在太空中，最后偶然降落在地球上。此前，有科学家声称在一块名为 ALH84001 的火星陨石中发现了生命的遗迹，如细菌化石和有机化合物。不过可惜的是，这些所谓的"化石"后来被证实是化学成因，因此关于火星生命的探索仍在继续。

降落在地球上的陨石大多都会磨损，变得面目全非。不过我们可以在风化作用较弱和比较容易看到陨石的地方寻找它们，比如南极冰原的风蚀表面和干旱的沙漠，都是搜寻陨石的好场所。

太阳系诞生时的陨石

球粒陨石，具有大量独特的小圆形球粒（凝固的熔融液滴）聚集体，其中含有太阳系诞生之初的矿物碎片，那时太阳才刚刚开始发光。（左图）

铁陨石的内部结构

铁陨石在经过切割、抛光和蚀刻后，通常会呈现出独特的几何图案，被称作"维德曼斯塔滕结构"（维代组织），反映了金属晶体的生长情况。（右图）

---

1 关于陨石的分类，这里与国内通用的或有不同。国内一般将陨石分为石陨石、铁陨石、石铁陨石，其中石陨石包括球粒陨石和无球粒陨石，这里则将球粒陨石单独列出，石陨石等同于无球粒陨石。

与太阳系内其他天体相比，地球上明显的陨石坑非常少。目前已发现的大约有190个，其中一些陨石坑的内部或周围有撞击角砾岩（见第142—143页）。陨石坑并不容易被识别，因为大多数陨石坑形成于地球历史的早期，而行星形成过程中产生的撞击碎片（由于受到行星和卫星的撞击）已经逐渐消失了，再加上地球本身的地质活动十分活跃，因此大多数陨石坑早已被剥蚀或掩埋在沉积物之下。

大地上的疤痕：
地球上的陨石坑

目前地球上已知的最大陨石坑位于南非弗里德堡，其原始直径约 300 千米。该陨石坑本身早已消失，但它的部分底部轮廓仍在，从太空中都能看到它巨大的岩石环形构造和破碎的岩石。在它的中心还保留有一个 40 千米长的岩石隆起的遗迹，这是地壳在受到猛烈撞击后回弹形成的。而在其他地方，有地层形成的地区仍然保留着当时撞击的证据。在数百千米外的岩石中发现了具有典型"冲击"特征的矿物颗粒；在俄罗斯和格陵兰岛还发现了陨石碎屑层，都被认为是弗里德堡撞击所产生的远距离抛射物。

世界上已知的最古老陨石坑是澳大利亚西部的亚拉布巴陨石坑，与弗里德堡陨石坑类似，它也仅剩下了底部轮廓，其原始直径约 70 千米。该陨石坑的形成时代可以计算出来，这是因为人们在陨石坑岩石碎片中找到了微小的锆石晶体，而锆石是一种含铀矿物，可以用来测定岩石的年龄。这些锆石早在陨石撞击之前就已形成，不过会在撞击过程中重新融化形成新的同心层，重置了其内部的"原子钟"。通过高精度的测年分析，我们可以计算出撞击发生的时间约为 23 亿年前（具体数据为 $2300 \pm 5Ma$）。

这个测年结果非常有意思，它不仅揭示了世界上发现的最古老的陨石坑撞击时间，这个时间同时还与地球上最早的冰期结束时间一致。难道是这次撞击事件引发了全球气候变暖？有一种可能性是，陨石撞击所产生的灰尘覆盖在冰盖表面，这会导致冰盖表面吸收的光能增加，从而加快融化；另一种情况是陨石直接撞在冰盖上，产生的大量水蒸气（一种温室气体）散布到大气中，导致全球变暖。这也是研究陨石如何影响行星演化进程的众多迷人的假说之一。

一个古陨石坑的演化过程

一次重大的陨石撞击事件，如形成澳大利亚亚拉布巴陨石坑的那次撞击，可能会使地表以下几十千米的地壳岩石发生变形，这些岩石起初会在巨大的冲击下突然向下，随后发生大幅度的回弹，最终形成的陨石坑结构可以说明上述过程。

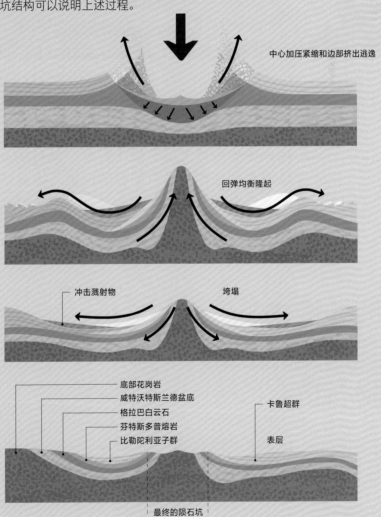

亚拉布巴陨石坑

中心加压紧缩和边部挤出逃逸

回弹均衡隆起

冲击溅射物　　垮塌

底部花岗岩
威特沃特斯兰德盆底
格拉巴白云石
芬特斯多普熔岩
比勒陀利亚子群

卡鲁超群

表层

最终的陨石坑
现在的地表

假如你用一副双筒望远镜观察月球，就能感受到陨石在塑造一个星球的岩石外壳的过程中发挥的强大作用。由于月球上没有板块构造，没有水，没有大气，也没有剥蚀作用或沉积物的掩盖，因此依然保留着成千上万个陨石坑。实际上，除了那些被远古时期熔岩覆盖的陨石坑（见第186页），对月球陨石坑造成破坏最大的是其他陨石的撞击。

地外撞击：
其他星球上的陨石坑

这种持续的陨石撞击可被用来确定月球不同区域的年龄，月表的古老地区有许多古老陨石坑，在其之上又叠加了大量新的陨石坑；而新的月表区域的陨石坑则相对较少，有些地区甚至没有。通过这种环形山计数法，可以推算出月球克拉维乌斯坑的年龄约为 40 亿年。附近的第谷环形山，四周存在明显的辐射线，其破坏程度也要小得多，估计有 1 亿年左右的历史。

环形山计数法也常常用于推测太阳系内固体行星和卫星的形成年龄和演化历史。水星的表面也同样伤痕累累，它的陨石坑与月球上的相似；金星的陨石坑较少，却分布均匀，这一奇特的现象暗示金星曾经历过一段非常复杂的演化历史（见第 190—191 页）。

　　火星上的陨石坑受到了火星气候的影响。火星诞生之初，也就是数十亿年前，当时的火星比较温暖潮湿。一些陨石坑里可能充满水，形成圆形湖泊，这些湖泊现在早已干涸。现在，火星上的陨石坑受到稀薄大气中风的作用，在其中能看到流动小沙丘。火星还可能经历过一次巨大的撞击，因为与陨石坑较多的、山峦更多的南半球相比，其北半球地势更低、更平坦，也更年轻。这些"北部平原"可能是火星早期历史中一次巨大撞击的遗迹，那次撞击几乎将火星撕成两半：巨大的疤痕后来形成了一个充满沉积物的海洋。

　　气态巨行星——木星和土星的表面没有留下任何陨石撞击的痕迹，但是陨石仍然会受到它们巨大引力的作用，从而撞击它们。1994 年 7 月，舒梅克—列维 9 号彗星破碎成 21 块巨大的碎片猛烈撞向木星，天文学家观察到了耀眼的闪光，撞击区瞬间被加热到 30000℃，木星内部的黑色羽状物上升了近 3220 千米。这些羽状物在空中持续飘了几个月，才被木星的强风吹散。

　　木星、土星和矮行星冥王星的卫星都发育有陨石坑。有些卫星上布满了古老的陨石坑，如木卫三；有些卫星表面则以新陨石坑为主，如木卫三的邻居木卫二。这些不同的陨石坑分布模式表明了太阳系极其复杂的演化历史。

月球的陨石坑

陨石撞击是月球的主要地质过程，陨石坑的规模悬殊，有的硕大无比，而有的非常微小，而且其中很多可以追溯到太阳系的早期。（左页图）

水星的陨石坑

在这些陨石坑中，蓝色阴影区域代表撞击时喷出的低反射率物质，其中就包括水星上特殊的石墨（见第 189 页）。

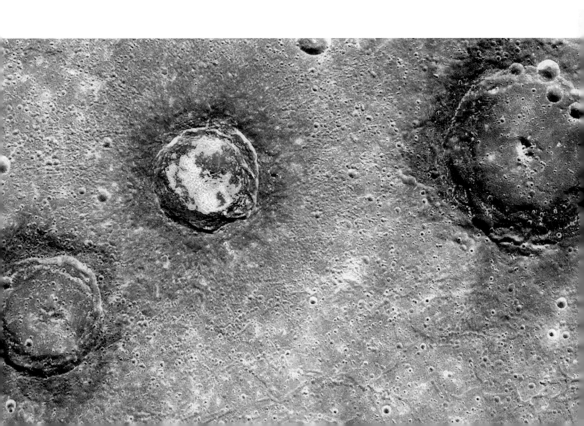

要想了解月球岩石的基本形态，我们只需要在晚上抬头观察，就能清楚地看到月球上较浅和较暗的斑块，它们有着不同的演化历史，代表了不同的岩石类型。

月球岩石：
古老的高地岩石
与月海玄武岩

较亮的区域是月球上古老的高地，它们是 45 亿年前形成的原始地壳，现在只剩下满目疮痍的残留物，它们与月球的戏剧性起源密切相关。大碰撞假说认为，原始地球与一颗注定要毁灭的火星大小的忒伊亚行星相撞，随后大量炽热的物质喷射而出。一切从这场灾难开始，月球表面变成一片深不可测的岩浆海。随着岩浆海的冷却，逐渐结晶出一系列矿物：密度较大的橄榄石和辉石，在岩浆中下沉；而较轻的矿物——主要是一种叫作钙长石的长石类矿物——则向上漂浮，在月球表面形成一层厚厚的浅色火成岩——斜长岩，这便是早期的月壳组成。撞击过后的地球

月球内部

与地球类似，月球内部也有分层，但其地质活动几乎停止了。

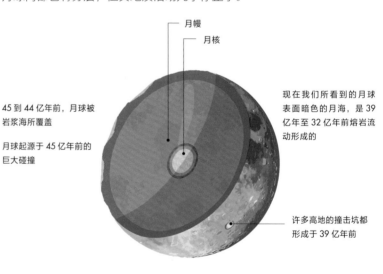

月幔

月核

45 到 44 亿年前，月球被岩浆海所覆盖

月球起源于 45 亿年前的巨大碰撞

现在我们所看到的月球表面暗色的月海，是 39 亿年至 32 亿年前熔岩流动形成的

许多高地的撞击坑都形成于 39 亿年前

其他星球上的岩石

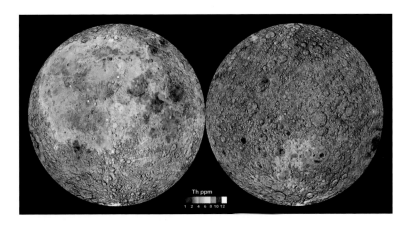

月球的潜在多样性

这是一张月球表面岩石中的钍含量图，新形成的部分月壳显示出非常不规则的钍元素分布，具有独特的克里普岩化学成分。

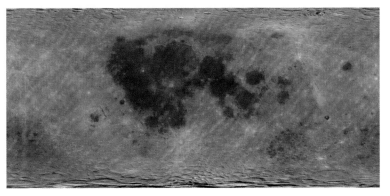

月球表面

月球表面的浅色部分代表古老的撞击高地，黑色部分是由玄武岩熔岩组成的月海，另外还有一些相对年轻的陨石坑——比如南边的第谷环形山，有明显的辐射线。

可能也有类似的岩浆海和低密度地壳，不过由于地球的地壳运动活跃，几十亿年以来已经完全被重塑，所以这些特征现在已经消失了。相较而言，月球要小得多，即使经历冷却和冻结，原始月壳仍然得以保留。原始月壳被后来的陨石撞碎，斜长岩碎片堆积形成厚厚的角砾岩层。即便如此，月球仍遗留了足够的热量来产生大量的岩浆，在接下来的几十亿年里，这些岩浆周期性溢出，将月球表面的大片区域都掩埋在玄武岩熔岩之下。这些被玄武岩覆盖的区域形成了我们看见的月球黑斑，起初曾被称为"海"，并命名为"静海"，现如今我们已经知道它们是火山岩。

科学家对阿波罗计划带回的月球样品进行分析，发现其中钾、稀土元素和磷的含量较高（这种岩石叫作克里普岩，简称 KREEP），这些元素与早期结晶的晶体不相容，因此残留在岩浆中。当这些残留岩浆最终冷凝结晶后，大量的这些元素进入岩石当中。人们原先认为这种化学成分应普遍存在于月球岩石中，但事实并非如此。月球化学图谱显示富含 KREEP 的岩石只覆盖了月球正面（即地球可见面）的大部分区域，而在月球背面只覆盖了很小一部分。为什么这些晚期岩浆在某些地区喷发，在其他地区却没有？目前仍然不清楚，研究人员仍在努力解开这个谜团。

乍看之下，水星与月球相差无几，死气沉沉，没有空气也没有水，表面同样坑坑洼洼。但从岩石学特征上看，水星具有显著的独特性，它的金属含量比太阳系其他任何一个星球都高。现已凝固的铁质核心的直径占据了水星直径的四分之三，壳、幔部分相对较薄，仅占剩下的四分之一。这颗行星一直很难观测，因为它离太阳太近了，很难用望远镜对准它。而且由于太阳巨大的引力场，我们发射的探测卫星也很难抵达那里。幸运的是，美国宇航局的"信使号"探测器于2011年成功进入水星轨道，并绕轨运行四年，目前我们对水星表面岩石的大部分认识都来自这次航行。

水星表面

由于水星离太阳太近了，很难观测和扫描成像。直到 2011 年，美国宇航局的"信使号"成功进入水星轨道，科学家们才绘制出了详细的水星表面图。图中的颜色是与水星表面物质的化学成分有关的光谱。

水星：
一颗名副其实
的大铁球

与月球一样，水星也有一个原始外壳，不过它已经被深埋在后来的火山岩之下。水星在很久以前经历过一次规模巨大的陨石撞击，地表深处的一些外壳碎片被抛射出来，所以我们现在能看见零星的

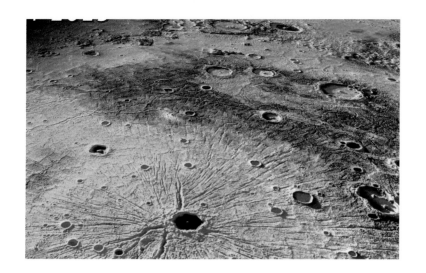

水星上的"蜘蛛"

水星上的神秘"蜘蛛"地貌，更正式的名称为"潘提翁槽沟"，是其表面最引人注目和最独特的标志之一。

碎屑层。"信使号"上的传感器揭示了这类岩石的组成，令人惊喜。与月球的浅色斜长岩不同，它是由黑色石墨（与铅笔芯中的碳形式相同）构成的。由于水星特殊的化学成分，石墨漂浮在水星原始岩浆海的表面，而其他正在生长的晶体则下沉到深部。

在那次匪夷所思的大碰撞之后，接下来的10亿年间，水星上的火山活动频发，又受到陨石的撞击，所以现在的水星表面是坑坑洼洼的。实际上，这些陨石撞击事件中最大的一次极有可能导致了水星壳幔熔化，从而产生大量岩浆，熔岩覆盖整个星球。就像月球和地球的大部分地区一样，水星的表面主要是玄武岩，同时还有少量科马提岩，它是一种高温的、快速流动的富镁熔岩。"信使号"传回的图像显示水星部分地区被火山灰覆盖，可以推测行星上曾经发生过大规模的火山爆发。

水星的部分平原和陨石坑受到褶皱构造的影响，这些褶皱似乎是在行星缓慢冷却和收缩过程中形成的。除了陨石坑本身，陨石撞击可能还引发了其他的构造作用。在水星卡洛里斯盆地的另一侧，有一个被称为"奇怪地形"的地方，其独特的扭曲地形与这次撞击产生的冲击波有关。卡洛里斯盆地内有一种独特的放射状裂缝图案，被称为"蜘蛛"，更正式的名称是"潘提翁槽沟"[1]。在它的中心附近有一个小陨石坑，可能是由于后来的小撞击造成的。

即将飞往水星的"信使号"

"信使号"的观测彻底改变了我们对水星的认识。"信使号"英文名是"MESSENGER"，是水星表面（MErcury Surface）、太空环境（Space ENvironment）、地球化学（GEochemistry）和测距（Ranging）的缩写。

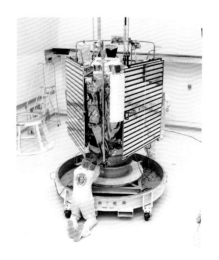

---

1 Pantheon Fossae, Pantheon 指的是罗马帝国时期的"万神殿"。

恶劣的环境

轨道卫星的雷达成像已经透过厚厚的炽热硫酸云层,绘制了金星表面的详细地图,展示了金星表面极其壮观的火山地貌景观,正如上图所示。

在过去很长一段时间,金星一直是个谜。它的表面被厚厚的云层遮住,人们曾想象着云层下面可能生长着繁茂的丛林,孕育着各种奇特的金星生物。然而,当1967年第一个探测器穿过金星云层时,人们发现这里其实是一个表面温度高达450℃、毫无生机的炼狱。炽热的温度维持着一个密度相当高(比地球大气层的密度高90倍)的二氧化碳大气层,云层中也不是水,而是硫酸。

金星:
一个隐藏的火山圣地

金星地狱般的大气层之下,几乎完全是火山地貌。不过,金星的表面已经不再神秘——轨道卫星的雷达已经绘制出金星表面的地图,揭示了其非凡的火山地貌特征。有些是宽阔的熔岩平原和宽广而低缓的盾状火山,与地球上的火山类似,一般由玄武岩组成,只是在金星上更低、更平坦。有些火山则与地球火山并不相似,比如成群的小型"薄饼火山",它们相对低矮、顶部平坦,似乎是由更坚

硬、更富含硅的熔岩形成的。此外还有一种叫作"冕状物"（coronae）的大型环状构造，其中上升的羽状物将地壳碎片向上推，地壳逐渐产生环形的裂缝，熔岩就沿着这些裂缝向上渗出。金星上的熔岩通道往往比地球上的更长，甚至可达数百千米，也许是因为火山喷发的规模非常大。

在金星上仅有少量陨石坑，这与金星稠密的大气层有关，较小的陨石在降落前就已燃烧殆尽。而且这些分散在金星表面的陨石坑，规模也不大。与月球和水星的古老表面相比，金星表面要年轻很多，大约只有 5 亿年的历史。这是为什么？其中一种假说认为，金星曾发生过全球性的灾难事件，使得地壳发生了重置。因为金星上没有显示出存在板块构造的证据，不能像地球那样缓慢而稳定地释放内部热量。相反，热量会在一整块地壳之下不断积聚，产生越来越多的岩浆，当能量聚集到一定程度，最终发生了全球性的大爆发，让整个星球的表面焕然一新。

虽然金星上没有显示出板块构造，但发育有其他类型的构造现象。由于地壳被地幔的运动拉伸，地壳会沿着平行的裂缝发生断裂，从而形成一排裂谷；在地壳受到挤压的部位，则会形成山脉。岩石也会被强烈风化，但不像地球上的岩石那样受到雨水的冲刷，而是遭受着热酸和富含二氧化碳的大气的侵蚀，因此在金星土壤中形成了许多与地球土壤中不同的矿物质，例如硫酸钙，也许还有金色的黄铁矿，与其他矿物共同形成了这个贫瘠星球独特的岩石奇观。

神秘的金星与真实的金星

几个世纪以来，天文学家也只看到一个空白的、完全被云覆盖的金星，左图为高倍望远镜下的金星；直到来自卫星的雷达图像（右图）的出现，才揭开了金星的神秘面纱，彻底改变人们对这颗星球的认识。

史上曾发生过多次火山活动，其中最引人注目的是塔尔西斯隆起——火星最高处，那里是一片巨大的地壳增厚区，发育着太阳系内规模最大、寿命最长的火山。塔尔西斯隆起的规模之大，需要大量的火成岩才能形成，科学家推测这些火成岩很可能源于一个规模巨大、寿命极长的地幔柱。在我们地球上，板块会在这些静止不动的地幔柱上移动，岩浆沿着地幔柱通道上升，在"热点"上方相继形成火山链，如著名的夏威夷火山链。在火星上，这些"热点"集中在同一个地方，大量的火山岩堆积起来，它们的重量会引起地壳变形，由此形成的断裂可以延伸到离火山活动很远的地方。

红色星球：
火星上的古老火山

在塔尔西斯隆起上有几座巨大的火山，其中最大的是奥林匹斯山，这也是太阳系中最高的山。这座盾状火山的直径超过 563 千米，高 26 千米。地球上的冒纳罗亚火山也是一座盾状火山，但与奥

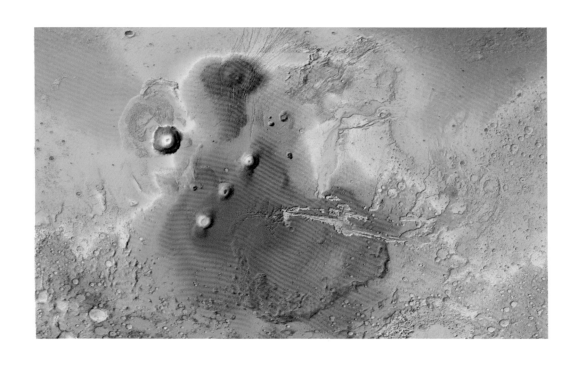

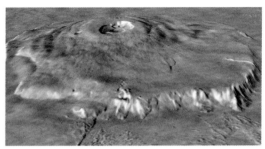

林匹斯山相比，简直就是小巫见大巫，它的高度还不到奥林匹斯山的一半，体积仅有奥林匹斯山的百分之一。奥林匹斯山太大了，如果你站在火星上的任何地方，都只能看到它的一部分，唯有从太空视角俯瞰才能一睹它的全貌。

奥林匹斯山至少在 20 亿年前就开始形成。不过，根据陨石撞击的程度推测（见第 184—185 页），它最近的一次火山喷发距今只有几百万年。这样看来，它可能仍在活跃，岩浆可能仍在下面聚集，蓄势待发。与地球、月球、水星和金星上的许多火山一样，奥林匹斯火山也主要由玄武岩构成。由于它的规模之大，形成时间之长，使得它的顶部并不是一个单一的火山口，而是有六个火山口相互重叠，这些火山口在喷发后坍塌，形成宽阔的破火山口。奇怪的是，在它的底部边缘是高达 8 千米的悬崖，这在火星火山中是独一无二的。这个悬崖是怎么形成的？有一种说法认为，当时的火山在喷发前被冰层包裹，火山的不断喷发导致火山底部的扩张，引发大规模的山体滑坡，从而形成了悬崖。不过，这仍然是个未解之谜。

尽管人们对火星火山的了解主要基于卫星观测，不过其中的火山岩曾被近距离分析观察过。"好奇号"探测器曾分析了盖尔陨石坑土壤中的矿物，发现了长石、辉石和橄榄石——这些都是地球上典型的玄武岩矿物。由此可见，玄武岩是行星的一种基本岩石类型。

奥林匹斯山俯瞰图

奥林匹斯山是由单一火山通道形成的巨型火山，其面积相当于意大利的国土面积。（左图）

奥林匹斯山侧面

从侧面看，奥林匹斯山外围高耸的断崖清晰可见。（右图）

火星的火山区

该图为火星上塔尔西斯隆起的俯瞰图，显示了排成一行的三座大型火山，它们左侧为太阳系内最大的火山——奥林匹斯山。（左页图）

火星地层中的流水痕迹

通过火星探测器的摄像机近距离观察火星上古老的沉积地层，表明在数十亿年前，火星表面曾有河流。

火星和金星一样，曾被认为是一颗有生命的行星，上面居住着智慧生物。19世纪的天文学家利用望远镜观察火星，从模糊的图像中人们似乎隐约看到了人造的运河和植被的季节性变化。后来，随着更先进的望远镜和航天器的出现，证实了那些不过是光学错觉。

火星地层：暖湿环境的遗迹

如今，火星被确认为一颗冰冷的行星，大气中含有非常稀薄的二氧化碳。火星上的水（和一些二氧化碳）以冰的形式存在，最明显的例子就是小型极地冰盖。在地质学上，火星是一颗较为活跃的星球：稀薄的大气携带着沙粒，一方面改造着裸露的岩石露头，一方面堆积形成类似地球上的移动沙丘。在生物学上，火星或许已经死亡了，那里也许曾经有过某种形式的生命，也有可能是微生物；又或者在地下的某个地方，火星上可能仍存在某些生命体。

无论是通过卫星观测还是通过火星探测器观察，火星上的岩石都说明了在30多亿年前，火星曾是一个更温暖、更湿润的星球。在当时的太阳辐射还比较微弱的情况下，怎么会形成这样的火星环境呢？最有可能的是，当时的火星大气层更厚，二氧化碳的含量也更高，这些二氧化碳也许是当时活跃的火山喷发出来的。不管怎样，从岩石表面特征可以确定的是，火星曾经存在液态水，那时可能存在一个覆盖现在火星大部分北部平原的海洋。

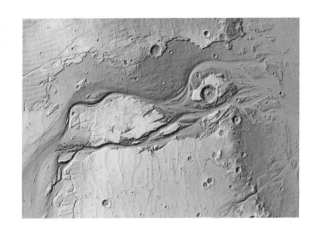

火星地层还发育有古河流遗迹，其中有一些保存完好的弯曲河道。有些河道还呈现出壮观的地形倒置现象，在这些地方，由于差异风化，河道中自然胶结的砂岩填充物高高矗立在较松软的风成地貌之上。此外，在地势较高的地区，河流的下切作用形成了极为壮观的峡谷，有些甚至比科罗拉多大峡谷还大。从图像中可以看出，有些河道发生过灾难性事件，可能是由火山活动或陨石撞击导致的大规模冰川融水引发的。

火星着陆器和漫游者可以近距离观察河流相地层的更多细节。有些地层中显示出被流水冲刷过的痕迹；还有一些细腻的黏土层，它们是在池塘或湖泊中形成的。化学方面的证据也显而易见，比如"蓝莓石"，一种与水流作用相关的氧化铁结核。到目前为止，仅有这些物理作用和化学作用的痕迹，还没有发现任何生命迹象——无论是鲜活的生命体还是化石遗迹，这方面的探索仍在进行当中。

早期火星的古河道

在卫星图像上可以清晰地看到30多亿年前留存下来的地貌景观，这是当时火星上微弱的构造活动的结果。其中包括保存完好的河道，这也是火星上曾经有水的证据。

火星运河的想象图

乔凡尼·斯基亚帕雷利（Giovanni Schiaparelli）于1877年手绘的火星地图上面有大量充满水的运河，这幅地图绘制得很漂亮，细节也很精致，但却是错误的，只是当时对望远镜下的模糊图像的过度解读。

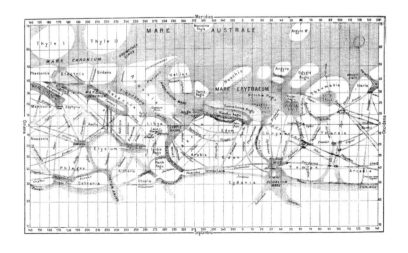

木卫一，即伊奥（Io），是伽利略卫星中最靠近木星的一颗卫星。1979年，航天器首次访问木卫一时，人们发现它拥有太阳系中最活跃的火山。这个发现虽然有些令人惊讶，但也在意料之中。由于木卫一离木星很近，为此科学家预测，它会受到木星巨大引力的拉伸和挤压，可能会导致其内部熔融，并引发火山活动。事实证明这一预测是正确的，尽管如此，科学家们依然对如此夸张的火山爆发感到惊讶。航天器低空飞行第一次捕捉到的一股强大的火山灰柱，上升至地表以上322千米。木卫一上的火山喷发非常频繁，这也使得这里的火山作用及火成岩非常复杂。

木卫一：
太阳系中火山活动
最活跃的天体之一

大约400座不断喷发的活火山及它们产生的熔岩和火山灰，将木卫一塑造成一个奇异、多彩、极端的世界。木卫一的表面非常寒冷，温度只有零下130℃，但喷发的岩浆的温度有时高达1600℃。人们原以为岩浆的成分大都是硫磺，后来发现它们和地球上的岩浆一样，大部分是以硅酸盐为主要成分的玄武质岩浆，当然也有一些富硫岩浆。与早期地球（见第122—123页）和水星（见第188—189页）上喷发的岩浆类似，最热的岩浆很可能形成致密且高温的科马

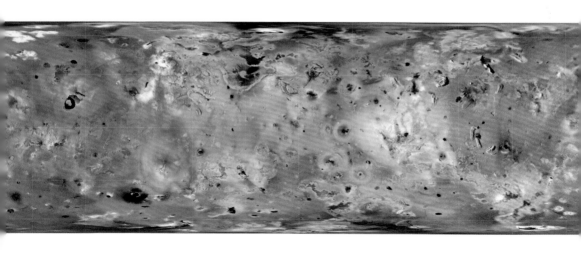

提岩。木卫一上几乎没有陨石坑，这意味着它的表面非常年轻，仅有几百万年的历史，火山还在不停地重塑它。

这些火山也有火山口，这些陡峭的大型洼地与地球上的破火山口类似，通常是火山口下方部位在岩浆喷出之后坍塌而形成的。木卫一的火山十分巨大，通常有几十千米宽。其中最大的是洛基火山口，直径超过200千米，其中有一个巨大的熔岩湖，下方的岩浆会周期性地喷发而形成熔岩地壳，地壳冷却后下沉，随后熔岩再次露出表面。熔岩湖在地球上很罕见，但在木卫一上十分普遍。

火山熔岩的溢出可以持续数月之久，沿着火山周围向外延伸形成熔岩高原。蔓延的熔岩流看起来和地球上的很像，但更大，蔓延速度更快。火山熔岩也会在短暂的时间内猛烈地爆发，如熔岩泉和熔岩爆炸，规模巨大的爆发使得木卫一看起来更加明亮，我们利用望远镜就能观察到。

事实上，特别高的火山灰柱在木卫一上也不太常见，它们大多是由岩浆加热的硫或二氧化硫沉积物形成的，这些物质也可能直接从喷发的岩浆中释放出来。这些火山灰柱最高可以上升到地表以上483千米，有时还能携带硅酸岩浆颗粒。随后，火山灰会慢慢降落到地表，木卫一的表面就笼罩在由硫磺和火山灰组成的五彩环中。

木卫一上的火山爆发瞬间

这张卫星图显示了木卫一边缘的一个数百千米高的火山灰柱。在木卫一上，任何时候都有数十座活火山展现出多样化的火山活动。

一颗五彩缤纷的卫星

木卫一上的火山星罗棋布，不断变化，呈现多种色调，这是火山灰和硫化物多次叠置的结果。（左页图）

在木星的80颗卫星中，除了布满火山的木卫一，其他卫星上最常见的物质就是冰。我们可以把这里的冰想象成一种岩浆岩，从液态水（也可看作"岩浆"）中结晶出来，而这些卫星的表面也可能有沉积冰粒、中砾和巨砾，以及沿着构造带发生变形变质的冰。在整个宇宙当中，这样的冰世界可能比我们生活的硅酸盐岩石世界更丰富，尽管它们大多确实都有一个由硅酸盐岩组成的内核。

冰冷的外壳：
木卫二和木卫四 [1]

这些冰世界曾被认为是单一的、相似的，但目前的研究显示并非如此。比如木卫二和木卫四，这两颗冰卫星就展现出惊人的多样性。

木卫二比月球略小一些，是太阳系中已知最平坦的天体，没有一座大山，陨石坑也很少，因此它的表面相对年轻，也许只有1亿年左右的历史，可以追溯到地球上的恐龙时代。它的冰壳厚度近100千米，覆盖在有着一个同样深度的海洋之上，可见木卫二地下海洋的水量比地球上所有的水都要多。在木星的潮汐力作用下，木卫二海洋里的水被加热，从而保持液态。在海洋之下，木卫二的其余部分主要由岩石组成，也可能存在一个较

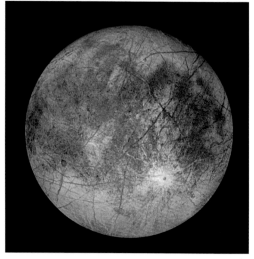

其他星球上的岩石

木卫二和木卫四的内部结构

在木卫二和木卫四冰冷的表面之下，很可能隐藏着海洋和岩质内核。

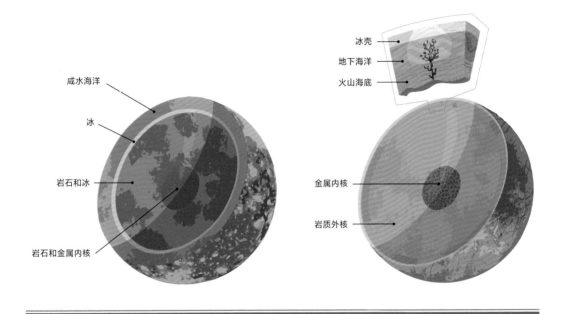

咸水海洋

冰

岩石和冰

岩石和金属内核

冰壳

地下海洋

火山海底

金属内核

岩质外核

小的铁质内核。

　　木卫二的冰壳并非完全光滑，其表面发育着一系列狭长的、跨越整个卫星的裂缝，在这裂缝之间的白色冰层的映衬下，深红色的裂缝显得格外突出。类似于地球上的板块构造，这似乎是某种"冰块构造"，相对较热较软的冰从下面冲出。还有一些混杂堆积的地区——乱成一团的冰块冻结在一起，也许是水或暖冰从冰层下面冲出的地方。人们注意到，当水从冰冻面上喷涌而出时，会形成一缕缕瞬间冻结的冰，这是深海中可能存在微生物生命的潜在地点。还有一些特殊地区，由于冰层表面的水汽在微弱的光照下蒸发，那里形成了陡峭的尖峰和冰脊。

　　木卫四是另一颗冰冷的卫星，与木卫二相比，它的冰更多而岩石更少，而在其他方面，二者可以说截然不同。在太阳系的所有天体中，木卫四的陨石坑最多，因此它可能是太阳系中最古老的天体。这些陨石坑相互重叠，只有较小的陨石坑在冰的风化作用下被逐渐抹平，随着冰在光照下蒸发并重新结晶。这里没有构造活动，没有动态的演化史，也没有生命的迹象。

木卫四和木卫二

左图为木卫四，可以看到其表面只有受到陨石撞击的痕迹，没有其他的地貌，这说明它自形成以来几乎没有发生过内部地质活动。

右图为木卫二，虽然表面年轻，而且平坦，看起来没有山脉和峡谷，但它一点都不简单，在其冰壳上发育着错综复杂的构造。（左页图）

---

1 木卫二的英文名是 Europa，欧罗巴；木卫四的英文名是 Callisto，卡里斯托。

土卫六，又称泰坦星，是土星最大的一颗卫星。第一位登陆土卫六的宇航员将进入一场奇幻的地质梦境——与地球相比，那里的一切都是颠倒的。与木卫二和木卫四的冰壳一样，它的"基岩"也是冰，但存在一些重要差异：

解读地形：土卫六

● 土卫六的冰在冰壳上隆起形成高山，在冰壳之下大约 50 千米的位置，有一个寒冷的水氨海洋。

● 土卫六有着由碳氢化合物形成的云和雨，这在太阳系的卫星中是独一无二的。

● 雨水汇聚成河流，在冰壳上雕刻出峡谷，最后又流入温度约为 -180℃ 的含有甲烷和乙烷的湖泊和海洋里。

这是石油地质学家梦寐以求的地方吗？或许是吧，不过这些碳氢化合物并不能在土卫六上燃烧，并不是因为这里太冷了，而是因为这里的大气富含氨，却没有氧气。与地球上的焦油一样，碳氢化合物分子可以连接起来形成更长的分子链，所以土卫六大气中的一些碳氢化合物会聚合到一起，在大气中形成浓雾。其中一些浓雾聚集在一起形成沙粒大小的聚合物颗粒，然后在风力作用下形成壮观的沙丘。这些很轻的颗粒很可能会干扰我们勇敢的宇航员，它们飘浮在空中而且带静电，宇航员行走在这些地方如同穿行在由泡沫聚苯乙烯制成的沙子中。在土卫六上也许还有冰质沙粒和砾石，在这些相对温和的区域穿行应该会容易很多。

冰火山

科学家已在土卫六上识别出冰火山，它们是来自冰壳深处或更深层海洋的氨－水流体通道，这些流体通过冰火山喷出地表并冻结。

其他星球上的岩石

如图所示，土卫六北部的碳氢化合物湖泊和内海呈现深蓝色，最大的克拉肯海比地球上的里海还大，面积达 50 万平方千米，有着崎岖的冰质海岸线。

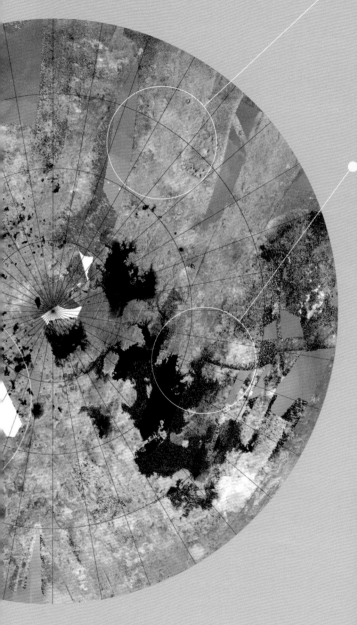

土卫六的岩石

那么，土卫六上面有什么样的岩石可供测量和采集呢？有一点可以确定，那就是土卫六的构造运动很活跃。这里有山脉、峡谷、湖泊，以及相对较少的可见陨石坑，由此可以判断，一定有某种不为人知的地壳运动在不断地重塑着地貌。也许在某些山脉中，可能存在由于剥蚀作用被抬升出地表的原始"火成"冰，同时在洼地则会沉积含有聚合物和冰粒的地层。这些地层中很可能含有古沙丘[1]——类似于今天我们在地球上看到的现代风成沙丘和地层中的古沙丘。

岩石储藏

土卫六的岩层也许会因为地下深处的高温（这里的"高温"远低于 0℃）和高压而发生变形变质，也许也会被某种神秘的造山过程挤压成巨型褶皱，山脉得以隆起。液态的碳氢化合物不仅会出现在地表，还会像地球上的石油和天然气一样渗透到地下多孔隙的岩石储层中，只不过这里的规模更大。

艺术家对土卫六上沙尘暴的描绘

这些尘埃大部分是固态碳氢化合物的微小颗粒，风暴将其从沙丘区吹起。目前为止，我们只在太阳系中的土卫六、地球和火星这三个天体上发现了这种现象。

---

1 古沙丘在地层中并不明显，常表现为古风成沙。

2006年，冥王星遭遇了从行星降级为矮行星的"耻辱"。它非常小，比月球小得多，质量只有其五分之一，而且非常遥远，它的远日点是地球至太阳距离的50倍。即便如此，它的地位仍存在争议。2015年，当新视野号航天器掠过时，发现它的岩石组成非常独特，非常壮观。

降级的行星：
冥王星

冥王星的表面温度约为 –230℃，是一个非常寒冷的冰球。冥王星上发育着各种冰层，其中包括氮冰（覆盖了大部分地表）、甲烷冰和水冰。氮冰形成了像被子一样的广阔平原，如斯普特尼克平原，宽度大约为 1000 千米，这些平原是活跃在塑性冰层中对流单元的地表体现，冰层在这里交替性地沉入地表以下，而后再涌出地表。每个对流单元约 32 千米宽，不断更新着这个奇怪的流动地表，从表面没有任何陨石坑来看，冥王星的表面可能只有几百万年的历史。

氮冰平原上耸立着陡峭的山峰，高度达数千米，大多由水冰构成。这些地形的年龄要老得多，明显发育有许多陨石撞击的痕迹，它们才是冥王星真正的"基岩"。这些山脉显示出缓慢侵蚀的痕迹，尤其在平原的边缘，长达数千米的冰块似乎被拖入缓慢流动的氮冰中，形成一系列巨大的冰山。这些古老山脉的颜色比平原深得多，通常呈深红棕色。这种颜色很可能来源于在极其稀薄的氮—甲烷大气中发生反应而形成的复杂有机化学物质，它们飘落到岩石表面形成焦油状的涂层。

其他由甲烷冰覆盖的区域非常奇特，人们在首次发现时将其命名为"龙鳞"或"刀刃状"地形。这些其实是规则分布的山脊，一般高约0.5千米，是由冰的多次蒸发与再凝结形成的特殊地貌，类似地球上的刃脊地貌。这里的陨石坑相对较少，因此也是冥王星上年轻的地貌单元之一。

值得注意的是，在冥王星上还能看到一小片风成沙丘，鉴于其如今稀薄的氮气和甲烷大气层，它们很可能是在冥王星大气较浓密的时候形成的。

冥王星复杂多样的地质条件已得到证明，这也是美国宇航局在探索太阳系外缘时获得的众多惊喜之一。

冥王星的氮冰川

正如这些缓慢流动的氮冰川所示，即使在只比绝对零度高40℃的情况下，冥王星的表面也是动态变化的。（左页图）

冥王星的构想图

冥王星的表面发育着复杂的刃脊地貌，有些可能是由冰层发生褶皱形成的，有些则是在稀薄的大气中大规模生长的冰。

除了太阳系的8颗行星、6颗正式命名的矮行星（包括前行星冥王星），以及200多颗卫星之外，还有数百万个岩质天体围绕太阳运行。最引人注目的就是小行星（或"次级行星"），它们距离地球比较近，可以通过发射航天器去观察，它们偶尔也会造访地球，甚至会带来灾难性的后果。最著名的一次事件发生在6600万年前，一颗直径约10千米的小行星撞击地球后导致恐龙灭绝，同时将地球的生物生态系统重置为我们今天熟悉的模式。科学家们非常热衷于研究这类小行星。

小行星：
小星体，大科学

大多数小行星位于火星和木星之间的带状区域，这个区域也叫小行星带，木星巨大的引力阻碍它们相互吸引聚合成行星，于是它们发生碰撞并碎裂，产生了超过100万个直径大于1千米的岩石和金属块体，以及无数更小的、直径小于1米的流星体。

最大的小行星直径达几百千米，呈圆球形，而较小的小行星通常形状

　　　　其他星球上的岩石

不规则或仅是松散的碎石堆，它们大部分都保留有陨石坑。小行星主要由与陨石相似的岩石组成（即降落在地球上的陨石，见第142—143页），成分主要包括古老的球粒陨石、石陨石和铁陨石，有些是行星的破碎部分，保留了核部或壳／幔部，这说明行星在分裂之前就已经形成了圈层结构。

2010年，日本"隼鸟号"小行星探测器探测了丝川小行星（25413 Itokawa）后返回地球。在这次任务中，它遭遇了各种各样的意外：首先是太阳耀斑损坏了探测器的太阳能电池，导致离子发动机故障；接着着陆器完全错过了这颗小行星；最后探测器在返回地球时解体。幸运的是，科学家在它的残骸中成功找到一些珍贵的微小碎片。研究显示，这些碎片中含有橄榄石和辉石等矿物，与球粒陨石类似。令人惊讶的是，有些碎片甚至比头发的宽度还小，却仍保留了因太空尘埃撞击产生的微陨石坑。

更具戏剧性的是，2019年"隼鸟2号"探测器"轰击"了另一颗小行星——龙宫（Ryugu），向其表面发射了一枚金属弹，造成了一个大约10米宽的撞击坑，探测器随后收集了被金属弹激起的物质，并通过回收舱计划将其带回地球进行分析，而探测器则调整飞行轨道，转向其他小行星继续工作。

科学家对小行星的兴趣也逐渐超出了科学范畴：随着地球资源的减少，小行星被认为是未来矿物和金属资源的可能来源。这是一个令人振奋的前景，不过问题是尽管我们利用各种技术在地球上开采了大量资源，但很难想象要如何在小行星上开展此类工程。

计划着陆小行星

这是欧洲空间局的"AIM"航天器及其"MASCOT-2"登陆器在小行星迪迪莫恩（Didymoon）上的登陆场景构想图。该着陆计划定于2022年10月进行（最新资料为2026年）。

小行星猎人

图为日本的"隼鸟2号"探测器及其离子发动机发出的蓝色光芒。2019年，它采集了龙宫小行星上的岩石碎片和灰尘样本，随后这些样本被带回地球。（左页图）

彗星是夜空中罕见的访客，在过去常常被视为是厄运和毁灭的神秘预兆。不过经过长期观察后，人们发现其实它们并没有那么险恶，反而很令人着迷。它们像行星和卫星一样，也是太阳系的一部分，但它们出没的方式非常独特。

彗星：
非常偶然的
访客

我们现在知道，彗星是由大量的冰、雪混杂着岩石和灰尘组成的巨型"脏雪球"，和小行星一样，都是行星形成时残留的碎片。彗星主要形成于远离太阳的地方，在海王星轨道外的寒冷区，水蒸气（包括甲烷和氮等气体）凝结成富含冰的天体，有些彗星的大小可达到像冥王星那样的"矮行星"规模，直径数百千米。但大多数彗星都比较小，直径只有几十千米，所以我们通常看不见它们。只有那些拥有非常椭圆的运转轨道且有时会靠近太阳的彗星，才会经历惊人的变化，从而变得引人注目。

这个时候，冰在太阳辐射下升华，并且裹挟着大量尘埃从彗星表面喷发。彗星的头部形成了一个由电离气体和尘埃组成的球形"彗发"，彗发可能非常大（有些直径甚至与太阳相似），其中一部分被太阳风拉伸成彗

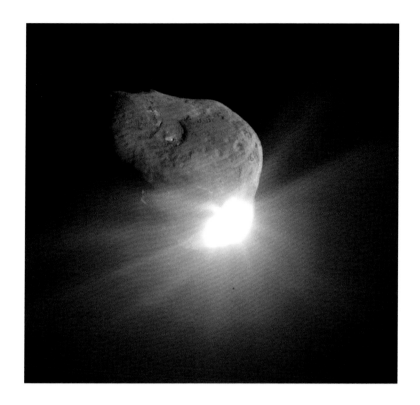

尾，长达数千万千米。彗星的亮度和形状会随距离太阳的远近而变化，只要在太阳附近，这种奇观就会持续进行，一旦逐渐远离，亮光就会熄灭，下一次出现，可能要到几百年后了。

近年来，有些探测器造访了彗星，有些甚至登陆了彗星或对其进行撞击。来自探测器的结果显示，彗星的岩石组成有些出人意料。虽然彗星有着非常明亮的彗发和彗尾，但它的主体其实非常暗，其表面覆盖着一层黑色的焦油状复杂有机化合物。随着每一次绕太阳公转，冰和尘埃被吹入太空，彗星表面就剩下这些化合物。2005 年，"深度撞击"探测器将一个重型撞击器撞向坦普尔 1 号彗星，形成一个直径 150 米的撞击坑，并释放出厚厚的尘埃云，揭示了表层下的尘埃和冰的混合物。结果表明，这些混合物由硅酸盐矿物的微小颗粒、黏土矿物和碳酸盐矿物颗粒组成，由此可见，在原始太阳系形成之初发生了相当复杂的混合过程。

科学家认为冰冷的彗星状天体可延伸到遥远的太空中，比如在奥尔特云中，可能至少延伸到离我们最近的恒星的一半距离。这或许能让我们推测其他恒星系统中可能存在的岩石类型。

撞击彗星

彗星坦普尔 1 号，直径约 6 千米，它是美国宇航局 2005 年"深度撞击"计划的撞击目标，撞击后发生了明亮的爆炸，并抛射出大量尘埃云。

色彩斑斓的彗星

洛夫乔伊彗星于 2015 年掠过，并将在约 800 年后再次出现。图中可见其完整的彗发，直径约为 644 000 千米，其绿色来自双原子碳的荧光效应。（左页图）

夜幕降临，当我们抬头仰望星空时，会看到夜空中成千上万颗恒星，借助望远镜还能观测到其他星系。宇宙中到底有多少星系呢？科学家利用哈勃望远镜，在一片"空白"的空间上聚焦了100万秒，结果从中发现了大约1万个星系。科学家由此估算，宇宙中大约有1000亿个星系，每个星系大约包含1000亿颗恒星。那其他恒星中岩石范围有多大？这些岩石又以什么形式存在呢？

星际地质：
其他星系的岩石

1992年，科学家首次发现了"系外行星"，到目前为止，我们发现的系外行星数量已经超过了4000多颗。它们离我们实在太遥远了，用望远镜都无法直接看到它们。其实它们大多是被间接发现的，当行星从一颗恒星前经过时，会导致恒星的光线略微变暗，或由于引力的作用导致恒星略微晃动，这些都是线索。我们甚至还发现了一颗"流浪行星"，它脱离了恒星的束缚，科学家利用"微透镜"原理探测到它所经过的一颗恒星的光，也许太空中还有许多这样的游离行星。通过这些模式，我们可以大致估算出一颗行星的质量、绕恒星运行的轨道形状、表面温度，以及行星表面可能的化学成分。当你读到这本书的时候，或许已经知道了更多内容，因为这些系外行星已经可以通过詹姆斯·韦伯望远镜观测到了。

我们现在知道，即使拥有行星系统的恒星不占大多数，但也有不少，而且它们往往与我们井然有序的太阳系有很大区别。许多系外行星都有不稳定的循环轨道，交替地靠近或远离它们的恒星。许多固态系外行星可能发育着某种构造和火山活动，就像金星和地球，它们也需要以自己的方式释放内部能量，因此从这个角度来推测，岩浆和岩浆岩，包括火山作用和火山岩，应该是一个与地球类似的常见行星运行模式。

伴随着系外行星的构造活动，必然会发生变质作用，包括岩石矿物等的形成。目前，科学家已在遥远的太空中探测到水，也许只要条件合适，水就会以液态形式普遍存在。许多超级类地行星都可能存在海洋，有些甚至可能完全淹没在海水中，形成沉积地层。从我们已有的认知来看，更多的海洋可能在系外行星（及相对应的系外卫星）的冰壳之下，这是我们在太阳系内还没有发现的现象。

行星的起源

在这张图中，气体和尘埃围绕着一颗新生恒星旋转，明亮光环中的扭结被认为代表了一颗新生行星的引力效应。
（右页上图）

深邃且古老的太空

这是一张用哈勃望远镜拍摄的深空景象，显示了遥远的星系，其发出的光需要很长时间才能到达地球，它们代表了宇宙的早期历史。
（右页下图）

术语汇编

白垩（Chalk）
是一种微细的碳酸钙沉积物，是方解石的变种。白垩一般是指分布在西欧的白垩纪的地层，白垩纪一名即由此而来。作为矿物的白垩一般用于制造粉笔。

斑岩（Porphyry）
一种火成岩，在更细、冷却更快的岩体中有生长缓慢的大晶体。

板块构造
（Plate tectonics）
岩石圈各部分相对于彼此的运动。

板岩（Slate）
在相对较低的温度和压力下变质的泥岩，其特征是发育良好的板状（岩石）解理。

变质岩
（Metamorphic rock）
一种被热量和（或）压力改变的岩石（沉积岩或火成岩）。

冰川（Glacier）
移动的冰块；在地球上，冰川是由水组成的，但在其他行星体上，冰川可能有不同的成分。

冰碛（Till）
也被称为"巨石黏土"，是一种泥土、沙子、鹅卵石和巨石的混合物，由移动的冰携带并铺在地表。

波纹（Ripple）
空气、水流或水波产生的沙子中的小规模沉积结构，它们可以保存在古老的岩层中。

捕虏体（Xenolith）
岩浆中的一块分离的岩石。

不整合（Unconformity）
较老的侵蚀岩石与较年轻的上覆地层之间不协调的接触，通常标志着较大的地质时间间隔。

沉淀物（Precipitate）
由溶液中的化合物形成的固体。

沉积岩
（Sedimentary rock）
由沉积颗粒组成的岩石，如砂岩或石灰岩。

大理石（Marble）
变质的石灰岩。

大陆（Continent）
一块相对富硅的古老地壳，其上部通常高于海平面。

地层（Stratum）
沉积岩中的一层。

地核（Core）
地球的中心部分，主要由铁和镍构成，外层是熔融的，中心是固态的。

地壳（Crust）
地球的外层，在海洋中较薄，在大陆中较厚，与地幔以莫霍面隔开。

地幔（Mantle）
地球上位于地壳和地核之间的部分；它大部分是固体。

地幔柱（Plume）
缓慢上升的地幔物质柱；当它撞击地球岩石圈时，会引起火山活动。

地堑（Graben）
在平行断层之间向下滑动的地壳块体。

地热
（Geothermal heat）
地下岩石产生的热量，比如它们的天然放射性产生的热量。

地下水（Groundwater）
存在于地下岩石的颗粒之间或裂缝中的水。

地形（Topography）
景观的形状，通常由下面的岩石结构控制。

地震波（Seismic waves）
穿过岩石的能量波，通常由地震或爆炸产生。

地质年代表
（Geological Time Scale）
地质学家在研究地球上所有岩石时所采用的时间尺度。

叠层石（Stromatolite）
由微生物形成的层状石灰岩结构，是地球上最古老的化石之一。

独块巨石（Monolith）
（在地质学中）一块巨大的岩石。

210

断层（Fault）
一种岩石裂缝，两侧岩体沿其发生运动，往往会引发地震。

鲕粒（Ooid）
球形砂粒大小的碳酸钙颗粒，常见于一些石灰石中。

二氧化硅（Silica）
矿物形式主要为石英。

方解石（Calcite）
石灰石中常见的碳酸钙矿物。

放射虫（Radiolarian）
一种具有二氧化硅骨架的微观化石，可形成海底沉积物，硬化成燧石。

放射性定年法
（Radiometric dating）
通过分析岩石或矿物中放射性元素的衰变来定年的方法。

粪化石（Coprolite）
动物的粪便化石，通常富含磷酸盐。

风化（Weathering）
地表岩石的分解（尤指化学）。

浮石（Pumice）
一种轻质、多孔的火成岩，由黏性、富含二氧化硅的岩浆喷发过程中无数气泡的快速膨胀形成。

俯冲带
（Subduction zone）
板块构造的一部分，海洋地壳由于向下滑入地幔而被破坏的地方。

橄榄石（Olivine）
一种常见的成岩火成矿物：一种铁／镁硅酸盐。

橄榄岩（Peridotite）
一种主要由橄榄石矿物形成的岩石，常见于上地幔。

锆石（Zircon）
形成于火成岩中的一种矿物（硅酸锆），地质学家用它作放射性年代测定。

构造（Tectonics）
地球内部形成断层等构造的岩石运动。

硅酸盐矿物
（Silicate mineral）
最常见的造岩矿物，基于硅 - 氧的化学组合。

硅藻（Diatom）
一种由二氧化硅组成的微观化石，常见于一些岩石中。

海滩岩（Beach rock）
现代海滩沉积物（例如方解石）经过天然胶结形成的坚硬岩石。

海洋（Ocean）
地球上被大洋地壳覆盖的部分，大洋地壳是玄武岩的，相对年轻，最终在板块构造中再循环。

花岗岩（Granite）
一种粗晶质的深成火成岩，主要由长石和石英组成，通常含有一些云母。

化石（Fossil）
保存在地层中的动物或植物的遗骸或痕迹。

环礁（Atoll）
在下沉的岛屿周围生长的圆形暗礁。

黄铁矿（Pyrite）
一种硫化铁矿物，因其外观而被称为"愚人金"。

辉石（Pyroxene）
一种常见于玄武岩中的深色铁镁硅酸盐矿物。

辉长岩（Gabbro）
相当于粗晶质的玄武岩，形成于岩浆在地下缓慢冷却的过程中。

彗星（Comet）
一种冰团，通常在太阳系的远处，周期性地飞近太阳时可见。

混合岩
（Migmatite）
处于变质岩和火成岩之间的一种岩石（因此部分熔融）。

火成岩
（Igneous rock）
岩浆冷却和凝固而形成的岩石。

火山灰（Ash）
火山喷发出的颗粒。

火山口（Caldera）
火山在一次大喷发后塌陷成空岩浆房而形成的下沉区

火山碎屑流（Pyroclastic flow）
火山喷发产生的火山灰、岩石和气体的热的、紧贴地面的湍流，留下的沉积物是熔结凝灰岩。

火山渣（Scoria）
一团冷却的岩浆（通常是玄武岩），具有泡沫状结构，但密度比浮石大。

技术化石（Technofossil）
人类制造的能够变成未来地层化石的物体。

箭石（Belemnite）
一种常见于中生代地层的雪茄状化石。

礁（Reef）
一种生物衍生的结构，可以堆积形成岩石——通常是石灰岩。

角砾岩（Breccia）
一种沉积岩，由粗糙的有棱角的岩石或矿物碎片自然胶结而成。

角闪石（Amphibole）
一种常见于玄武岩和辉长岩中的深色铁镁硅酸盐矿物。

角岩（Hornfels）
又称角页岩，原岩被附近的地下岩浆加热而形成的热接触变质岩。

节理（Joint）
岩石的裂缝。

金伯利岩（Kimberlite）
一种从地球深处喷发出来的火成岩；它的矿物中有钻石。

晶体（Crystal）
一种具有规则的外部形状、反映内部分子结构的矿物形式。

菊石（Ammonite）
在中生代地层中发现的一种常见的螺旋形化石。

喀斯特（Karst）
由石灰岩等可溶岩石溶解形成的一种地形。

科马提岩（Komatiite）
一种热的、富镁的熔岩，通常在地球早期喷发。

颗石藻（Coccolith）
一种微小的化石，可以形成大量的白垩。

矿脉（Vein）
由地下热水沉积而成的充满矿物质的岩石裂缝；可能包括矿石。

矿石（Ore）
有用矿物的浓度，尤指金属矿物；矿石经常沿矿脉分布。

矿物（Mineral）
一种或多或少具有固定成分的无机化合物，通常呈晶体，是岩石的基础。

矿物解理（Cleavage）
矿物沿着分子结构的规则平面发生破裂的性质。

砾岩（Conglomerate）
一种由鹅卵石和沙子自然胶结而成的沉积岩。

流纹岩（Rhyolite）
一种快速冷却的细粒结晶的花岗岩。

流星（Meteor）
来自外太空的岩石，在大气层中燃烧。

绿岩带（Greenstone belt）
由广泛的玄武质成分组成的岩石构成的古老地块。

煤（Coal）
一层层的陆地植物化石，现在通常用作化石燃料。

莫霍界面（Moho）
地壳和地幔的界线（完整的Mohorovičić不连续面）。

泥（Mud）
可以结合黏土和淤泥的细粒沉积物。

泥沙（Silt）
粒度介于沙子和黏土之间，它可以形成粉砂岩，也可以是泥浆和泥岩的组成部分。

泥岩（Mudrock）
一种原本是泥的固体岩石。

逆冲断层（Thrust fault）
一块岩石沿低角度断层面滑过另一块岩石的断层。

黏土（Clay）
最细级别的沉积物，通常主要由黏土矿物组成，黏土矿物是由其他矿物风化形成的微小片状矿物。

劈理（Cleavage）
变质岩石（如板岩）沿着由构造压力形成的平面裂开的性质。

片麻岩（Gneiss）
一种因热和压力而发生巨大变化的变质岩。

片岩（Schist）
一种变质的泥岩，含有丰富的大云

母晶体。

漂砾（冰川）（Erratic）
冰川或冰盖从其来源地运来的岩石碎片。

千枚岩（Phyllite）
一种比板岩变质程度更高的泥岩，由于其中含有新形成的微小云母，它通常是有光泽的。

侵入（Intrusion）
地下注入物，通常是岩浆，冷却后形成深成火成岩。

侵蚀（Erosion）
风、雨和波浪等自然力量对岩石的磨损。

球粒状陨石（Chondrite）
一种在太阳系历史早期形成的陨石，由微小的圆形球粒（固结的熔滴）组成。

球状结构（Orbicular texture）
在一些花岗岩和辉长岩中发现的同心结构。

熔积岩（Peperite）
岩浆蒸汽将侵入的岩石破碎而形成的岩石。

熔结凝灰岩（Ignimbrite）
由火山碎屑流形成的沉积物。

熔岩（Lava）
以流体的形式喷发到地球表面的岩浆，在地球表面冷却并凝固。

软流圈（Asthenosphere）
上地幔中的一个"软弱"层（由于熔体含量较高），这使得板块构造

成为可能。

三角洲（Delta）
河流进入湖泊或大海时所产生的大量沉积物。

三叶虫（Trilobite）
古生代典型的海洋动物化石。

沙丘（Dune）
由沙子与风或水流相互作用形成的一种规则且可移动的大型结构，形成了古代砂岩中常见的独特地层。

砂岩（Sandstone）
由沙粒组成的岩石。

珊瑚（Coral）
一种海洋动物，常为群居动物，其骨骼常常以化石的形式出现；如今，它们构成了珊瑚礁的大部分框架。

闪电熔岩（Fulgurite）
由闪电击中地面形成的岩石。

蛇绿岩（Ophiolite）
由于板块构造的作用，古老海底的一块碎片被推到了陆地上。

深成岩（Plutonic rock）
岩浆在地下深处冷却凝固而形成的岩石。

生物扰动（Bioturbation）
爬行动物或穴居动物对表层沉积物的扰动，留下的纹理通常会保存在岩层中。

石灰岩（Limestone）
一种主要由碳酸钙（方解石矿物）组成的沉积岩，通常富含化石。

石榴子石（Garnet）
一种硅酸盐矿物，常见于变质岩，尤其是片岩中。

石笋（Stalagmite）
一种由碳酸钙沉淀而成的岩石，生长于洞穴底部。

石英岩（Quartzite）
变质砂岩。

塑料岩石（Plastiglomerate）
一种新的岩石，由熔化的塑料将鹅卵石黏在一起形成。

燧石（Flint）
一种常见于白垩中的燧石。

燧石岩（Chert）
一种由细粒重结晶的二氧化硅（比如常见的燧石）形成的沉积岩。

碳氢化合物（Hydrocarbon）
碳和氢的化合物，是生命的基础，也是煤、石油和天然气等化石燃料的基础。

特征映射（Feature mapping）
根据地形提供的线索推断地下岩石结构。

天坑（Sinkhole）
地表上的一种凹陷，通常大致呈圆形，是地下岩石坍塌形成的。

条带状铁建造（Banded iron formation）
地球早期形成的大型铁矿床。

伟晶岩（Pegmatite）
一种非常粗糙的结晶火成岩，通常含有多种含稀有元素的矿物，其形成与花岗岩有关。

文石（Aragonite）
一种比方解石硬度更大，但更容易溶解的碳酸钙矿物。

矽卡岩（Skarn）
岩浆与石灰岩接触形成的变质岩。

小行星（Asteroid）
太阳系中的一个比行星小的大型岩石天体。

斜长岩（Anorthosite）
一种主要由钙长石（长石的一种）构成的岩石，它形成了月球和地球上的原始地壳。

玄武岩（Basalt）
一种富含铁和镁的深色致密细粒火山岩，通常形成于海底，在其他地方也很常见，包括在其他行星上。

岩浆（Magma）
由岩石部分熔融形成的熔体与矿物的混合物。

岩墙（Dyke）
由岩浆沿裂缝注入形成的近乎垂直的平面火成岩片。

岩石圈
（Lithosphere）
地球的上部圈层（由地壳和软流圈之上的上地幔组成），形成板块构造中的刚性移动板块。

岩席（Sill）
岩浆的大致水平注入（通常沿着地层表面），冷却形成一片深成火成岩。

洋中脊
（Mid-ocean ridge）
洋底隆起的区域，在那里新的洋地壳不断形成，是板块构造的一部分。

页岩（Shale）
一种变质的泥岩。

易碎的（Friable）
易碎且脆弱（许多岩石都是这样）。

云母（Mica）
一种火成或变质硅酸盐矿物，具有由发育良好的矿物解理引起的片状特征。

陨石（Meteorite）
一种来自外太空的岩石，降落在地球上。

陨石坑（Crater）
行星表面的圆形凹陷，一般由火山爆发或陨石撞击形成。

长石（Feldspar）
一种含有铝、钠、钙或钾的硅酸盐矿物；总的来说，它是地球表面最常见的矿物。

褶皱（Fold）
岩层的褶皱，通常是由构造压力造成的。

中砾（Pebble）
大小在 4 到 64 毫米之间的岩石或矿物沉积颗粒。

钟乳石（Stalactite）
一种由碳酸钙沉淀而成的岩石，悬挂在洞穴顶部。

柱状节理
（Columnar jointing）
由于熔岩（如玄武岩熔岩）冷却而形成的规则断裂形态。

撞击角砾岩（Suevite）
由陨石撞击形成的岩石。

浊积岩（Turbidite）
由水下浊流沉积而成的岩层。

索引

图片版权信息

所有的图表都由罗布·勃兰特提供。

203: © Ron Miller

Alamy Stock Photo

6–7: © Ashley Cooper pics

23: © Panoramic Images

29 下 : © John Cancalosi

44: © Andy Sutton

45 下左 : © agefotostock

50: © Greg Vaughn

52: © Kanwarjit Singh Boparai

55: 上 © incamerastock; 下 © Doug Perrine

62: © FLHC9

83: (高岭石) © The Natural History Museum; 下 © Arterra
Picture Library

93 下 : © lcrms

96 右 : © David South

106: © Avalon. red

122: 左 © SBS Eclectic Images; 右 © John Cancalosi

126: © Suzanne Long

134: © imageBROKER

136: © Global Warming Images

148: © Design Pics Inc

155: 左上 © Phil Degginger; 右上 © PjrRocks

162: © The Natural History Museum

165 下 : © Avalon/Construction Photography

166 左 : © Terence Dormer

177: © Roel Meijer

181: © Geopix

206: © Alan Dyer | VWPics

© Jan Zalasiewicz

31 下 ; 33 上 ; 35 上 ; 58, 61, 66 右 , 83 下 , 87, 88 右 ,
100, 117, 129, 133, 139, 140, 141

Science Photo Library

26: © Charles D. Winters

83: (Dickite and Chlorite) © Nano Creative | Science Source;
(Vermiculite) © Dennis Kunkel Microscopy

Shutterstock

2–3: © Hare Krishna

4: © clkraus

5: © sergemi

9: © lunamarina

12–13: © Evgeny Haritonov

14–15: © michaelroushphotography

18: © Thomas_HB

19: © Maurizio De Mattei

20: © Maridav

25 上 : © Everett Collection

27: 左上 © Bjoern Wylezich; 右上 © Sebastian Janicki; 左下
© Yes058 Montree Nanta; 右下 © aquatarkus

28 右 : © Fokin Oleg

29 上 : © AY Amazefoto

32: © Hans Baath

33 下 : © sirtravelalot

34: © Naeblys

35: © Thomas Genti

42: 左 © Luklinski Grzegorz; 右 © ChWeiss

43: © Callen Verdon

45 右下 : © Breck P. Kent

49: © Jaroslav Moravcik

57: © ImageBank4u

60 右 : © Brisbane

63: © zebra0209

66 左 : © jayk67

67: © Maythee Voran

68: © Nickolay Stanev

71: © Ecopix

75: © Wildnerdpix

79: © hijodeponggol

80: © Lillac

81 左 : © Konrad Weiss

82: © Porojnicu Stelian

85: © mantisdesign

致谢

衷心感谢多年来我的许多导师和同事，他们帮助我探索岩石中的无限世界。

图书在版编目（CIP）数据

读懂岩石 / (英) 扬·扎拉斯维奇著；董
汉文, 严立龙, 李广旭译. -- 长沙 : 湖南科学技
术出版社, 2024.8
　　ISBN 978-7-5710-2914-2

　　Ⅰ.①读… Ⅱ.①扬… ②董… ③严… ④李… Ⅲ.①
地质学—普及读物 Ⅳ.①P5-49
　　中国国家版本馆CIP数据核字(2024)第098175号

著作版权登记号：18-2024-073

DUDONG YANSHI
─────────────────────────────────────

读懂岩石

著　　者：［英］扬·扎拉斯维奇
译　　者：董汉文　严立龙　李广旭
出 品 人：潘晓山
总 策 划：陈沂欢
策划编辑：蔡雅琳　焦　菲
责任编辑：李文瑶
特约编辑：焦　菲
营销编辑：王思宇　沈晓雯
地图编辑：程　远　彭　聪
版权编辑：刘雅娟
图片编辑：贾亦真
责任美编：彭怡轩
装帧设计：何　睦
特约印制：焦文献
制　　版：北京美光设计制版有限公司
出版发行：湖南科学技术出版社
地　　址：长沙市开福区泊富国际金融中心40楼
　　　　　　http://hnkjcbs.tmall.com
湖南科学技术出版社天猫旗舰店网址：
　　　　　　http://hnkjcbs.tmall.com
邮购联系：本社直销科0731-84375808
印　　刷：北京华联印刷有限公司
版　　次：2024年8月第1版
印　　次：2024年8月第1次印刷
开　　本：710mm×1000mm　1/16
印　　张：14
字　　数：300千字
书　　号：ISBN 978-7-5710-2914-2
审 图 号：GS京（2024）0951号
定　　价：88.00元
（版权所有·翻印必究）